《环境保护市场机制研究》

编 委 会

环境保护市场机制研究

Research on Market Mechanism of Environmental Protection

龙　凤　葛察忠　高树婷　等/著

中国环境出版集团·北京

图书在版编目（CIP）数据

环境保护市场机制研究/龙凤等著. —北京：中国环境
出版集团，2019.12
ISBN 978-7-5111-4188-0

Ⅰ．①环…　Ⅱ．①龙…　Ⅲ．①环境保护—市场机
制—研究　Ⅳ．①X196

中国版本图书馆 CIP 数据核字（2019）第 278277 号

出 版 人　武德凯
责任编辑　陈金华　宾银平
责任校对　任　丽
封面设计　彭　杉

────────────────────────

出版发行　**中国环境出版集团**
　　　　　（100062　北京市东城区广渠门内大街 16 号）
　　　　　网　　　址：http://www.cesp.com.cn
　　　　　电子邮箱：bjgl@cesp.com.cn
　　　　　联系电话：010-67112765（编辑管理部）
　　　　　　　　　　010-67113412（第二分社）
　　　　　发行热线：010-67125803，010-67113405（传真）
印　　刷　北京中科印刷有限公司
经　　销　各地新华书店
版　　次　2019 年 12 月第 1 版
印　　次　2019 年 12 月第 1 次印刷
开　　本　787×960　1/16
印　　张　11
字　　数　182 千字
定　　价　50.00 元

前　言

　　环境保护市场机制是一类利用财税、价格、金融、交易等经济政策工具调控环境行为的政策手段。一般而言，与行政管制性的政策手段相比，市场手段激励效果强、更加注重对经济主体的内生调控，可以激发经济主体实施环境行为的积极性和主动性，利于建立环境保护的长效机制，是国家环境政策的重要组成部分。

　　近年来，我国不断加快和完善环境保护市场机制在环境政策制定中的运用。1979 年我国开始实施排污收费政策，标志着环境保护市场手段的开端。随着社会经济的发展和环境管理工作的不断深入，我国不断加快和完善环境保护市场机制建设。特别是改革开放后，我国市场体系不断完善，利用市场手段促进环境保护的政策创新受到各方高度重视。"十一五"以来，环境市场机制政策加速发布，从 2007—2016 年，国家层面环境市场政策共计出台了 13 个类别 343 项；在地方层面，2007—2016 年共计出台了 318 项环境市场政策，市场机制在筹集环保资金、调控环境行为、激励企业减排、提升管理效率等方面发挥着日益重要的作用，环境市场机制的地位在环境政策体系中不断提升。此外，环保事业的发展以及社会对环境保护的广泛关注，环保产业也越来越受到各类社会资本的青睐，有关环境保护的商业模式在近些年得到了有益的探索和发展，PPP 模式、环境污染第三方治理等一系列政策文件不断出台，一批商业项目也已成功运作。

　　《生态文明体制改革总体方案》明确提出，要加快资源环境税费改革、健全环境治理和生态保护市场体系等一系列市场机制手段，环境市场机制已经成为生态文明建设的重要组成部分，是实现绿色发展的重要保障。环境市场机制领域的法制化建设也在快速发展，新修订的《环境保护法》对创新运用市场政策做出了明确要求，提出利用财税、价格、采购等经济政策促进控污减排，建立、健全生态保护补偿制度，改革环境税费，完善环境财政预算，推进环境污染责任保险等。党的十九大报告中，提出了加快生态文明体制改革、建设美丽中国的目标。

　　生态环境部环境规划院长期致力于环境经济政策研究，积极配合国家和地方开展环境经济政策试点和制度建设，跟踪评估环境经济政策进展，为环境经济政策制定和实施提供技术支撑。为了更好地发挥市场机制手段和环保商业模式对环境保护的促进作用，我院研究编写了本书。在本书编写中得到原环境保护部核安全总工程师杨朝飞先生和洛克菲勒兄弟基金会（Rockefeller Brothers Fund）郭慎宇女士的大力支持，特此感谢！

摘　要

　　市场机制是通过市场竞争配置资源的方式，即资源在市场上通过自由竞争与自由交换来实现配置的机制，也是价值规律的实现形式。具体来说，它是指市场机制中的供求、价格、竞争、风险等要素之间互相联系及作用机理。市场机制在环境治理中的应用也称环境保护市场机制，由基于市场的各项环境政策构成。环境保护市场机制是在充分理解社会经济系统运行规律和环境规律的基础上，合理设计并实施的紧密关联、互为补充、相辅相成的各种环境市场政策手段的组合。目前常见的市场机制环境政策主要包括环境税费、价格政策、排污交易、环境补贴等。

　　党的十九大报告作出了全面深化改革的重大战略部署，提出要使市场在资源配置中起决定性作用。近年来，随着市场经济的不断完善和推进，环境市场政策也越来越受到重视，成为绿色发展转型的重要手段。2007—2016年，国家层面环境市场政策共计出台了13个类别343项，其中环境财政政策出台数量最多，达到92项。在这些政策中，财政、金融、发改、环保等多个部门都有涉及发布。在地方层面，2007—2016年共计出台了318项环境市场政策，一些环境市场政策的试点工作也在各地全面展开。随着环境市场建设工作的不断深入，我国已经基本建立了环境保护市场机制政策体系，在环保投融资、环境金融、环境税费、生态补偿、排污权交易等领域取得了积极进展，尽管一些环境市场政策还没有进入全面实施阶段，但是从整体上来看，这些环境市场政策已经覆盖社会经济活动全链条，不同的政策单独或者共同调整着开采、生产、流通或消费环节的社会经济行为，初步形成了环境市场政策体系。

我国环境保护市场机制得到了较快的发展，但是目前仅初步搭建了一个环境市场政策体系框架，包括环境财政、环境税、排污权交易、生态补偿、环境信贷、环境责任险等。除了环境财政、环境税费和环境资源定价政策发展相对完善外，排污权交易、流域生态补偿、环境污染责任险、环境债券等其他多种环境市场政策还在深入推进阶段。此外，现有政策也需要进一步完善。如现行的价格政策还不能完全体现环境成本，政策执行力度需要进一步加大，距离完善的体现资源稀缺性和环境外部成本的绿色价格体系还存在一定差距；税收绿色化程度不够，资源税、环境税、机动车相关的税收政策改革还有待继续完善；绿色金融力度需要进一步加强；环境保护商业模式需要加大推广力度。

为了发挥市场机制对环境资源配置的决定性作用，①要做好环境保护市场机制的顶层设计，以提高环境质量为核心，以解决生态环境领域突出问题为导向，不断健全环境税费、环境价格、金融等重点环境经济政策；②要突出政府转变职能，更好地服务于市场，让市场在资源配置中发挥决定性作用；③要加快培育发展生态环保市场，发挥企业主动性，将环境治理由政府推动转变为政府推动与市场驱动相结合；④要健全法律法规，强化执法监督，构建统一、公平、透明、规范的市场环境；⑤要尽快开展环境保护市场机制实施效果的跟踪和评估，为政策变化、政策改进和制定新政策提供依据；⑥要加强组织协调，强化部门联动，加强环境保护行政主管部门与有关经济部门之间加强协调配合。

目　录

第 *1* 章

环境保护市场机制的概念与理论

从 20 世纪 70 年代环保工作起步至今,我国的环境保护政策制度已经基本形成了命令控制机制、市场机制、自愿机制、社会机制等不同类型的环境政策体系。这些环境政策的实施取得了很好的效果,对于控制环境污染、改善生态环境起到了重要作用。

1.1 市场机制的概念和构成

市场机制是通过市场竞争配置资源的方式,即资源在市场上通过自由竞争与自由交换来实现配置的机制,也是价值规律的实现形式。具体来说,它是指市场机制体内的供求、价格、竞争、风险等要素之间互相联系及作用机理。市场机制可以分为一般机制和具体机制两类。一般市场机制是指在任何市场都存在并发生作用的市场机制,主要包括供求机制、价格机制、竞争机制和风险机制;具体市场机制是指各类市场上特定的并起独特作用的市场机制,主要包括金融市场上的利率机制、外汇市场上的汇率机制、劳动力市场上的工资机制等。

市场机制可以说是一种经济资源的配置方式和组织形式。在市场机制作用下,市场主体通过各种市场参数的引导,自主地适应市场供求和价格变化,及时独立地作出决策,并且在动态过程中实现经济行为和经济利益的协调。市场机制有 4 个本质特征。

（1）利益最大化。经济利益是市场主体从事各种经济活动的主要推动力，市场主体以追逐利益最大化为出发点展开竞争，市场主体有了物质利益的刺激，就有了生机和活力，就有了发展和扩大经营活动的积极性和主动性。在这个规律的支配下，市场主体形成了自己独特的利益，自负盈亏，追求利益最大化。

（2）鼓励竞争。竞争是市场经济的命脉，没有竞争就没有市场经济。如果存在充分竞争的条件，市场一定可以比政府更好地组织生产，更快地促进技术进步，更好地满足消费者的需求。

（3）法制经济。法治是现代市场经济的重要特征，成熟的市场经济体制与健全的法治相呼应。实现市场在资源配置中的决定性作用，最为重要的一个前提条件就是市场主体的行为受法律约束和保护。完善的社会主义市场经济体制，更需要公平、公正、公开地配置各种资源，更加公平地实现利益分配和再分配，相应地要求制定相适应的社会主义市场经济的法律体系。以法律来保护市场竞争，维护市场经济运行，激发市场主体活力。政府作用的充分发挥需要法律规范。法律不配套、不健全及有法不依、执法不严，市场经济体制就建立不起来。

（4）保护个人的财产权和知识产权。市场经济下，市场主体一律平等，其财产所有权、知识产权、生产经营自主权等合法权益受法律保护。有效率的经济组织是经济增长的关键，而有效率的组织需要在制度上安排和确立所有权，以便造成一种刺激，将个人的经济努力变成私人收益率接近社会收益率的活动。换句话说，所有权的有效制度安排能够使人们在不遗余力地追求个人利益的同时增进社会利益，它使人们挖掘自己的财富小溪最后汇聚成社会的财富大河。因而，所有权的制度安排对经济的增长至关重要，一个国家、一个企业要想保持长期的经济增长，除技术创新外，最主要的任务是要设计出一整套所有权结构、所有权的法律及其所有权的制度安排。

1.2 我国环境管理的主要政策手段

1.2.1 行政手段

行政手段主要指国家和地方各级行政管理机关，根据国家行政法规所赋予的组织和指挥权力，制定方针、政策，建立法规、颁布标准，进行监督协调，对环境资源保护工作实施行政决策和管理。主要包括：①环境管理部门定期或不定期地向同级政府机关报告本地区的环境保护工作情况，对贯彻国家有关环境保护方针、政策提出具体意见和建议；②组织制定国家和地方的环境保护政策、工作计划和环境规划，并把这些计划和规划报请政府审批，使之具有行政法规效力；③运用行政权力对某些区域采取特定指施，如划分自然保护区、重点污染防治区、环境保护特区等；④对一些污染严重的工业、交通、企业要求限期治理，甚至勒令其关、停、并、转、迁；⑤对易产生污染的工程设施和项目，采取行政制约的方法，如审批开发建设项目的环境影响评价书，审批新建、扩建、改建项目的"三同时"设计方案，发放与环境保护有关的各种许可证，审批有毒有害化学品的生产、进口和使用；⑥管理珍稀动植物物种及其产品的出口、贸易事宜；⑦对重点城市、地区、水域的防治工作给予必要的资金或技术帮助等。

1.2.2 法律手段

法律手段是环境管理的一种强制性手段，依法管理环境是控制并消除污染，保障自然资源合理利用，并维护生态平衡的重要措施。环境管理一方面要立法，把国家对环境保护的要求、做法，全部以法律形式固定下来并强制执行；另一方面还要依靠执法。环境管理部门要协助和配合司法部门对违反环境保护法律的犯罪行为进行斗争，协助仲裁；按照环境法规、环境标准来处理环境污染和环境破坏问题，对严重污染和破坏环境的行为提起公诉，甚至追究法律责任；也可依据环境法规对危害人民健康、财产，污染和破坏环境的个人或单位给予批评、警告、罚款或责令赔偿损失等。我国自 20 世纪 80 年代开始，从中央到地方颁布了一系列环境保护法律、法规。目前，已初步形成了由国家宪法、环境保护基本法、环境保护单行法规和其他部门法中关于环境保护的法律规范等所组成的环境保护法体系。

1.2.3 经济手段

经济手段是指利用价值规律，运用价格、税收、信贷等经济杠杆，控制生产者在资源开发中的行为，以便限制损害环境的社会经济活动，奖励积极治理污染的单位，促进节约和合理利用资源，充分发挥价值规律在环境管理中的杠杆作用。方法主要包括各级环境管理部门对积极防治环境污染而在经济上有困难的企业、事业单位发放环境保护补助资金；对排放污染物超过国家规定标准的单位，按照污染物的种类、数量和浓度征收环境保护税；对违反规定造成严重污染的单位和个人处以罚款；对排放污染物损害人群健康或造成财产损失的排污单位，责令对受害者赔偿损失；对积极开展"三废"综合利用、减少排污量的企业给予减免税和利润留成的奖励；推行开发、利用自然资源的征税制度等。在市场经济中，由于不承认环境和自然资源具有价值，从而促使了环境和自然资源被过度消耗，呈现严重的枯竭状况。目前，环境和自然资源的价值虽然在认识论上已被肯定，但一时还无法在价格上加以表示，为此，在环境管理中可以运用一些经济手段加以补救，以间接调整对环境与自然资源的利用。

1.2.4　技术手段

技术手段是指借助那些既能提高生产率，又能把对环境污染和生态破坏控制到最小限度的技术以及先进的污染治理技术等来达到保护环境目的的手段。①运用技术手段，实现环境管理的科学化，包括制定环境质量标准和污染排放标准；②通过环境监测、环境统计方法，根据环境监管资料以及有关的其他资料对本地区、本部门、本行业污染状况进行调查；③编写环境报告书和环境公报；④组织开展环境影响评价工作；⑤交流推广无污染、少污染的清洁生产工艺及先进治理技术；⑥组织环境科研成果和环境科技情报的交流等。许多环境政策、法律、法规的制定和实施都涉及许多科学技术问题，所以环境问题解决的好坏，很大程度上取决于科学技术。没有先进的科学技术，就不能及时发现环境问题，而且即使发现了，也难以控制。例如，兴建大型工程、因湖造田、施用化肥和农药，常常会产生负的环境效应，这说明人类没有掌握足够的知识，没有科学地预见人类活动对环境的反作用。

1.2.5　宣传教育手段

宣传教育是环境管理不可缺少的手段。环境宣传既是普及环境科学知识，又是一种思想动员。通过报刊、杂志、图书、电影、电视、广播、展览、专题讲座、文艺演出等各种文化形式广泛宣传，使公众了解环境保护的重要意义和内容，提高全民族的环境意识，激发公民保护环境的热情和积极性，把保护环境、热爱大自然、保护大自然变成自觉行动，形成强大的社会舆论，从而制止浪费资源、破坏环境的行为。环境教育可以通过专业的环境教育培养各种环境保护的专门人才，提高环境保护人员的业务水平；还可以通过基础的和社会的环境教育提高社会公民的环境意识，实现科学管理环境以及提倡社会监督的环境管理措施。例如，把环境教育纳入国家教育体系，从幼儿园、中小学抓起加强基础教育，搞好成人教育以及对各高校非环境专业学生普及环境保护基础知识等。

1.2.6 各类政策手段之间的关系

各种环境管理政策手段都有优缺点，各类手段并不是完全的替代作用，而是相互配合，发挥各自的优势，组成完善的环境管理体制。由于环境保护的公共物品属性，相比其他一般竞争性产业，市场机制调节作用的发挥有一定的局限性，因此，在一些情况下，需要政府为其创造条件，并给予一些政策扶持，充分发挥市场机制的作用。同样地，在政府管制领域，也存在政府失灵的情况，就需要市场手段给予补充。具体到环境保护管理中，首先应该加大命令-控制机制的力度。政府需要通过命令-控制机制建立完善的环保法律法规体系，并加大环保执法投入，确保各项法律法规的执行。在完善环境法规的基础上，进一步健全环境保护的市场机制，减少政府部门的过分干预，多利用市场手段解决外部性的问题。此外，政府也要推动社会公众更多地参与环境治理，降低公众参与成本，让公众更深入、全面地参与环保事业，共同推进立体化环境治理体系的构建，使各种类型的环境政策工具最大地发挥作用。在此基础上，积极鼓励非政府组织、企业发起自愿性环保项目，充分发挥各类主体的环保责任。

1.3 环境保护市场机制的概念

1.3.1 定义

市场机制在环境治理中的应用也称环境保护市场机制，由基于市场的各项环境政策构成。环境保护市场机制是在充分理解社会经济系统运行规律和环境规律的基础上，合理设计并实施的紧密关联、互为补充、相辅相成的各种环境市场政策手段的组合。

很多专家学者都对环境保护市场机制做出了相关定义，如伯特尼和迪蒂文斯定义为："市场型环境政策工具是指通过市场方式的，改变市场价格，设置某物品的上限或者改变其数量，改善市场运作的方式，或者在没有市场的情况下创造市场，影响个人和集体行为的工具，以此来实现目标。"这种观点主要从政策的功能角度对其概念进行界定的。吴晓青等[1]的定义为："不是制定明确的污染控制水平或方法来规范人们的行动，而是通过市场信号来作出行为决策。这些政策工具一般包括可交易的许可证制度和排污收费等。"这种观点主要从政策的作用机理角度对其概念进行界定的。秦颖、徐光[2]认为："环境保护市场手段通常是指根据价值规律，利用经济杠杆，调整或影响市场主体，从而消除污染行为的一类政策工具。这类政策一般是通过采取鼓励性或限制性措施，从而迫使生产者和消费者把他们产生的外部性效果纳入经济决策之中，达到保护和改善环境的目的。"这些定义指出了环境保护市场机制所包含的主要内容。典型的利用市场制定环境政策包括交易许可证、环境税、环境费、环境补贴等。

---

① 吴晓青，等. 环境政策工具组合的原理、方法和技术[J]. 重庆环境科学，2003（12）：81.
② 秦颖，徐光. 环境政策工具的变迁及其发展趋势探讨[J]. 改革与战略，2007（12）：53.

1.3.2　特点

与其他类型的政策机制相比，环境保护市场机制主要具有以下几个特点：

（1）执行成本低。以市场为基础，强调间接宏观调控，通过改变市场信号，影响政策对象的经济利益，引导其改变行为。该间接宏观管理模式，无须全面监控政策对象的微观活动，大大地降低了政策执行成本。

（2）具有较强的灵活性。环境保护市场机制通过市场，将保护和改善环境的责任转嫁给了环境责任者，让他们根据经济激励自主选择适当的行为，使环境管理更加灵活，环境市场机制的应用范围也得以扩大，可适用于不同条件、能力和发展层次的政策对象。

（3）实现污染的事后处罚向事前控制转移。环境市场机制通过收费、税收、罚款等手段引导企业在经济激励下为减少污染成本，自愿进行污染控制，从生产的上游开始实现污染全程监控，促使污染控制从事后处罚向事前控制转移，实现预防为主、防治结合，降低了污染的社会总成本。

（4）促进企业技术升级。市场机制可以激励企业进行科学技术研发，鼓励企业采用更加先进的技术和环保措施，有利于降低企业的环境成本和提升企业的技术水平，从长期来看可以实现整个社会的经济效益和环境效益的最大化。

1.3.3　手段

目前对环境市场机制的分类很多，不同的部门和学者着眼的角度不同，所划分的内容也各有不同，如世界银行 1997 年把环境政策手段划分为利用市场、创建市场、环境规制、公众环境参与 4 类。其中利用市场主要是基于庇古税思想实施的，而主要的环境政策手段有补贴削减、环境税费、使用者收费、押金退款制度、有指标的补贴等。创建市场主要是基于科斯定理而实施的，其中主要的环境政策手段有产权与地方分权、可交易许可证、排污权、国际补偿制度等。我国学者宋国君[①]认为，市场型工具分为创建市场和利用市场两种类型，即科斯模式和

---

① 宋国君. 环境政策分析[M]. 北京：化学工业出版社，2008.

庇古模式。

环境保护市场机制也可以按照具体政策手段来进行分类。经济合作与发展组织（OECD）将市场型环境政策手段分为税费、押金制度、市场创建、（财政）执行鼓励金。欧洲经济区（EEA）将市场类环境政策手段划分为 5 种类型：交易许可证、环境税、环境费、环境补贴、责任和补偿计划。我国学者丁文广[①]将市场类环境政策手段划分为环境税收、价格机制、排污许可证交易、补贴、押金返还制度、污染者付费、消除市场壁垒。经过总结，环境保护市场机制政策可以分为明晰产权、建立市场、税收手段、收费制度、财政手段、责任赔偿、证券与押金制度等几类。

1.3.3.1　环境税收政策

环境税收政策是指国家为实现特定的环境保护目标，采用税收手段调控经济行为主体的各种税收总称。既包括以环境保护为基本目标的环境税收，即独立型环境税，也包括政策目标，虽非环境保护但是起到环境保护目的的税收，还包括具有环保功能的税式支出政策。常见的环境税收政策包括燃油税、电力税、煤炭税、机动车税、气候变化税、包装税和资源类税收等。

环境税收政策拥有多项优点：通过对污染行为征收环境税，既能调节污染行为、减少污染，又能增加政府的财政收入。同时也是将环境税与各国财税政策联系起来的纽带。环境税费可以形成稳定的环境保护和污染治理资金来源，因此征收环境税费是解决环保投资不足的主要途径。同时，环境税费在绿色资本市场的建设中也起到了重要的作用，很多国家的环境基金（如美国的超级基金）就是通过环境相关税收建立起来的。而且，征收环境税既不需要对现行财税体制进行很大改变，又能实现社会经济和环境的协调发展，是财税体制改革的一个重要方向。

1.3.3.2　价格政策

环境资源价格与环境保护有着密切的联系。价格是市场经济最敏感的杠杆，资源价格的高低决定着资源利用的程度、分配及其效益。长期以来，人们把水、空气等环境资源看成是取之不尽、用之不竭的"公共产品"，忽视了环境的资源价格，从而出现了全球性的资源耗竭和严重的环境污染与破坏问题。

---

① 丁文广. 环境政策与分析[M]. 北京：北京大学出版社，2008.

环境资源的稀缺性使得环境资源具有了价值。从环境价格的角度考察，按照西方经济学理论分析，环境价格必须能反映污染造成的边际成本。当边际效益等于边际成本时，其对应的费用值为最佳收费定额。从资源价格的视角探讨，产权经济学认为，资源的市场价格是资源的产权价格，所谓外部性问题，其实质就是由于市场中存在着尚未界定清楚的权利边界，从而导致资源的市场价格与相对价格的严重偏离，外部边际成本就是资源的市场价格与相对价格的差值。而解决外部性问题最有效的办法，就是通过产权明晰和市场交易为外部边际成本定价，从而使外部成本内部化。

世界银行曾对 2 500 家企业的能源利用进行研究，发现有 55% 的企业能源使用量降低是由于价格调整的影响。我国自 20 世纪 80 年代以来，开始利用价格政策来治理环境污染，目前主要的价格政策有：燃油税、差别电价政策、阶梯水价等环境资源价格政策。这些环境价格政策的实施，对我国的环境保护工作起到了积极作用。

1.3.3.3　补贴政策

补贴与税收是相对的环境政策工具，其理论基础都是庇古理论。当私人成本高于社会成本，这样私人在提供社会产品时，个人的收益没有全部纳入个人的收入中，会导致社会获得了额外的收益。这种情况按照庇古理论，没有达到社会福利的最大化，因为在这种情况下，私人会由于缺少必要的激励机制，从而减少对这些物品的提供，会造成这些物品的短缺，长期来看对社会净收益也是有损害的。为了实现社会的最优状态，要对提供额外付出的人给予一定的补贴，通过补贴的形式，使得私人收益等于社会收益，其目的都是使污染者减少污染行为，给企业技术改造提供激励作用。

目前，补贴已被广泛应用于许多国家。例如，法国给工业企业提供贷款来控制水污染；意大利为固体废物的回收和再利用企业提供补贴；荷兰对企业的技术创新研究和污染治理提供补贴；德国对采用污染控制措施而导致资金周转不灵的小企业提供补贴；瑞典提供基金来减少农药对环境造成的影响。

1.3.3.4　排污权交易

所谓排污权交易是指在污染物排放总量控制指标确定的条件下，利用市场机制，建立合法的污染物排放权利，并允许这种权利像商品一样进行交易，以此进行污染物的排放控制，从而达到减少排放量、保护环境的目的。美国是最早提出排污权交易理论并实施的国家。市场交易使排放权从治理成本低的污染者流向治理成本高的污染者，这就会迫使污染者为追求自身利益最大化而降低治理成本，进而设法减少污染，使政府强制企业治污转变为企业自觉治污，也使政府与企业之间的行政行为转变为政府与企业或企业之间的市场交易行为。排放权交易制度的意义在于它可使企业为自身的利益提高治污的积极性，使污染总量控制目标真正得以实现。

1.3.3.5　碳交易

碳交易是为促进全球温室气体减排，减少全球二氧化碳排放所采用的市场政策。1997 年通过的《京都议定书》把市场机制作为解决以二氧化碳为代表的温室气体减排问题的新路径，即把二氧化碳排放权作为一种商品，从而形成了二氧化碳排放权的交易，简称碳交易。

《京都议定书》规定，到 2010 年，所有发达国家排放的包括二氧化碳、甲烷等在内的 6 种温室气体的数量，要比 1990 年减少 5.2%。但由于发达国家的能源利用效率高，能源结构优化，新的能源技术被大量采用，因此本国进一步减排的成本高，难度较大。而发展中国家能源效率低，减排空间大，成本也低。这导致了同一减排量在不同国家之间存在着不同的成本，形成了价格差。发达国家有需求，发展中国家有供应能力，碳交易市场由此产生。

从经济学的角度看，碳交易遵循了科斯定理，即温室气体需要治理，而治理温室气体则会给企业造成成本差异；通过温室气体排放权的交换，可以有效减少碳排放。由此，借助碳交易便成为市场经济框架下解决污染问题最有效率的方式。

1.3.3.6　绿色金融政策

绿色金融是指金融部门把环境保护作为一项基本政策，在投融资决策中要考虑潜在的环境影响，把与环境条件相关的潜在回报、风险和成本融合进金融的日常业务中，在金融经营活动中注重对生态环境的保护以及环境污染的治理，通过对社会经济资源的引导，促进社会的可持续发展。

与传统金融相比，绿色金融更强调经济发展和环境保护的均衡发展，它将环境保护和对资源的有效利用程度作为计量其活动成效的标准之一，通过一系列政策和制度安排促进金融活动与环境保护、生态平衡的协调发展，最终实现经济社会的可持续发展。常见的绿色金融政策主要包括绿色信贷、绿色债券、绿色保险等。

专栏 1-1　行政手段与市场手段案例分析

案例 1

2016 年以来，共享单车在中国得到快速发展；2017 年，共享单车用户规模达到 2.09 亿人，市场规模为 102.8 亿元。此前，各地政府作为主导方也推进过各种模式的共享单车，由于网点分散、数量较少、无法跨区取借等问题，都以失败告终。而由市场运作的共享单车模式却取得了巨大成功，市场配置资源的能力在共享单车领域得到了很好的体现。与此同时，随着共享单车投放数量的增加，一些管理规范上的问题逐渐凸显，共享单车产生的违规占道、恶意竞争等影响公共交通管理甚至社会治安的情况越发严峻，不仅破坏了共享单车的行业秩序，同时也损害了城市的形象。在这个背景下，各地政府陆续出台共享单车管理办法，对车辆的管理提出了明确的要求，规范了整个行业。在这个案例中可以看到，政府过度干预市场，盲目涉足本应由市场发挥作用的领域，很难取得成功；而遇到市场失灵的情况下，又需要政府及时进行行政干预，规范市场秩序。

案例 2

洱海位于大理州中部地区，湖面面积 250 多 km^2，蓄水量 28 亿 m^3 左右，是云南省第二大高原湖泊。随着经济社会的快速发展、城镇化进程的加快，入湖污染负荷大幅增加，洱海水环境承载压力持续加大。根据统计，洱海污染 40%来自禽畜粪便，35%来自生活垃圾，20%来自农业，5%是其他污染。其中牛粪等禽畜粪便在洱海面源污染中占比较大，大量的牛粪堆积在河岸两边，严重污染洱海水质。此外，化肥的过量施用还让洱海流域农田出现有机质减少、土壤酸化、污染水源等问题。当地政府为了解决牛粪和面源问题，鼓励企业变废为宝，利用牛粪加工有机肥。2014年起，大理市以招、投标的形式，采购 1 万 t 商品精制有机肥，以中标价格为准，按80%政府补贴，20%农户、专业合作社、农业企业自己负责的形式推广生态有机肥，替代化肥施用。2015 年，大理市加大了促进洱海流域畜禽粪便收集处理的力度，将收集处理畜禽粪便的补助标准由 20 元/t 提高至 40 元/t。随着政府的鼓励，企业加大了牛粪收集力度；农户生产观念的转变，越来越多的人开始用有机肥替代化肥，牛粪乱堆乱放的环境问题也得以解决。

从以上案例可以看出，当地政府没有盲目利用行政手段投入大量资金进行污染治理，而是引入市场手段，不仅使得牛粪变成有机肥原料，减少牛粪污染，也增加了洱海流域内有机肥的施用量，有效减少了化肥的面源污染，既减少了政策成本投入，也取得了良好的生态环境效果。

1.4 环境保护市场机制的理论基础

1.4.1 研究概述

在国际环境市场机制理论领域，庇古于 1920 年最早提出污染外部性问题，并提出解决污染成本内部化的庇古税思路；科斯在 1937 年最早提出利用市场和产权界定来解决外部性问题；戴尔斯于 1968 年在科斯定理的基础上，将产权概念引入污染控制领域，首次提出排放权交易（ETS）的概念。

唐宁和怀特（1986）[1]证明，基于市场的环境政策工具对企业的激励作用要远大于单纯采用命令的环境政策工具。米林曼和普林斯（1989）[2]研究了进入标准、排放补贴、排污税、分配的配额和拍卖的配额对企业减排技术激励的影响。诺德伯格伯姆（1999）[3]提出，市场手段有利于企业持续地创新。

在我国，20 世纪 80 年代中期以后，一些专家开始对环境保护市场机制领域进行研究，并应用经济学的理论与方法，在环境价值核算、环境污染损失计量、环境经济模型建立等领域取得了很多成果，如《生态经济学概论》（姜学民，1985）、《生态经济学》（马传栋，1986）、《资源核算论》（李金昌，1991）、《实用环境经济学》（张兰生等，1992）、《环境经济学：理论·方法·政策》（王金南，1994）、《环境经济学》（厉以宁，1995）、《环境经济学》（张象枢等，1998）、《环境与资源经济学概

---

① Downing P B，White L J. Innovation in pollution control[J]. Journal of Environmental Economics and Management，1986，13（3）：18-29.

② Milliman S R，Prince R. Firm incentives to promote technological change in pollution control[J]. Journal of Environmental Economics and Management，1989，17（3）：247-265.

③ Nordberg-Bohm V. Stimulating green technological innovation：an analysis of alternative policy Mechanism[J]. Policy Sciences，1999，32（1）：13-38.

论》（马中，1999）、《环境经济学》（王玉庆，2002）等。

1.4.2　相关理论

环境保护市场机制领域的理论主要涉及环境保护理论和经济学理论，是经济学原理在环境管理中的具体应用。主要的理论包括公共物品理论、外部性理论、政府失灵理论和宏观调控理论等。

1.4.2.1　公共物品理论

公共物品是指不具有明确产权特征，形体上难以分割或分离，消费时不具有排他性的物品。公共物品意味着所有人都可以获得它而带来收益，且一个人对它的消费不会减少另一个人的消费。纯粹的公共物品在消费上具有非竞争性和非排他性特征，环境质量具有公共物品的属性。

很多环境物品都具有公共物品的特征。由于环境资源自身的特点决定了它们只能以公共物品的方式和状态存在，如空气、水资源、森林资源等。由于每个人都可以从公共物品中获益，而且无法将他人排除在外，很自然地会产生"搭便车"现象，这样就使得市场对公共物品的供给往往达不到社会所需要的水平。对于具有公共物品特性的环境资源而言，环境行为者对公共物品的竞争性使用和过度滥用导致环境的严重恶化。

减少政府的直接干预和增强市场调节的作用有利于公共物品的提供。在确定和提供环境质量这类公共物品方面，相对于市场配置资源效率而言，无论是政府的直接决策，还是基于公众投票表决的决策都是缺乏效率的。大部分经济学家认为，尽量减少政府的直接干预和增强市场调节的作用，有利于社会资源配置效率的提高。

1.4.2.2　外部性理论

外部性最早是由英国经济学家马歇尔在其经典著作《经济学原理》一书中提出的，是指一个人或一个企业的活动对其他人或其他企业的外部影响，这种影响并不是在有关各方以价格为基础的交换中发生的，因此，其影响是外在的。更确切地说，外部经济效果是一个经济主体的行为对另一个经济主体的福利所产生的效果，而这种效果很难从货币或市场交易中反映出来。

（1）庇古理论。庇古对外部性理论加以丰富和发展，系统地论述了外部性理论，构建了外部性研究的理论基础。庇古指出在经济活动中，如果某厂商给其他厂商或整个社会造成不需付出代价的损失，那就是外部不经济。其根源在于产生外部性的环境行为者转移了其行为的社会成本或占有了社会收益。由于环境外部性的存在，导致环境资源配置的低效率和不公平。

庇古提出利用税费手段可以避免外部性的问题。庇古在他的《福利经济学》一书中指出：在存在外部性的情况下，通过对产生外部性的企业征收外部性税收的办法来使企业的生产成本等于社会成本，可以在一定程度上避免外部性问题，这也就是通常所说的"庇古税"思路。庇古理论在现实经济生活中得到了广泛的应用。以庇古理论为指导，各国广泛征收庇古税，即当存在外部经济效应时，给企业以补贴；当存在外部不经济时，向企业征税。

（2）科斯定理。面对外部性的问题，科斯提出了利用产权制度解决外部性。在《社会成本问题》一文中，科斯从环境污染问题入手，对庇古的外部性税收理论提出质疑，他认为衡量污染的货币化损失非常困难，对于生产者控制污染的成本进行观测和估计也是非常困难的。科斯提出了解决外部性问题的另一种办法，即在产权明确界定的前提下进行市场交易的办法，使污染者和污染的受损者通过自愿的谈判和交易实现外部性的内部化。科斯的上述思想被概括为"科斯定理"。根据科斯定理，解决外部性可以用市场交易形式替代庇古税手段、法律手段及其他政府管制手段。科斯手段包括自愿协商制度，排污权交易制度，产权、可交易的许可证，国际补偿制度。

1.4.2.3 政府失灵理论

政府失灵一般指政府为纠正市场失灵而进行的行政干预措施无法提高资源配置效率的现象。在资源环境领域，政府失灵一般表现为环境政策无效和环境管理无效，在环境保护领域过多地采用单一的行政命令机制，就会造成环境管理成本高、效率低，而环境质量改善不显著的问题。为平衡政府调节和市场调节的关系，在环境保护领域引入市场机制，通过市场机制与命令-控制型手段相互弥补缺陷，协调发挥作用，使政策合力最大化，共同调配环境资源，达到保护环境的目的。因此，在环境保护市场机制的政策设计中要处理好"有形的手"和"无形的手"之间的关系，充分发挥各类政策手段的优势，构建适应市场经济背景下的环境管理体制。

1.4.2.4 宏观调控理论

宏观调控由经济学家凯恩斯提出，是国家综合运用各种手段对国民经济进行的一种调节与控制，是保证社会再生产协调发展的必要条件，是国家管理经济的重要职能。在市场经济条件下，由市场机制来决定资源的配置，受竞争规律和价值规律的作用，有利于提高市场竞争主体的劳动生产率，提高社会资源配置效率。环境问题与经济系统密切相关，环境破坏与环境污染是由于市场的运行机制受阻，不能自主地达到资源配置零机会成本的配置状态，出现市场失灵。在解决市场失灵时，需要引入外部力量干预，矫正市场机制，因此政府通过各种经济政策手段干预是必要的。政府可以通过加强和改善环境保护领域的宏观调控，运用价格、税收、财政等政策协调环境与经济发展。

第 2 章

环境保护市场机制的国内外实践

本章对环境保护市场机制在国际上应用情况进行了分析，列举了一些主要的政策手段。同时回顾了国内环境保护市场手段的发展历程，并对其现状和发展趋势进行了分析。

2.1 环境保护市场机制的国际趋势

2.1.1 发展现状

（1）环境市场机制已成为重要的环境管理手段。传统的命令管制手段最早应用于 19 世纪英国和荷兰的城市污水公共规划。随着社会经济的发展，命令管制手段暴露出缺乏经济效率和灵活性，不能促使排放者对新技术和经济环境做出有效及时的反应，引起减排效率低下、成本过高的问题。此外，20 世纪 70 年代，发达国家遇到经济危机、财政紧缩等问题。这些因素使环境市场手段作为直接管制手段的一种补充、替代和组合手段，使政策手段的选择在各种管制和经济手段的组合中进行，从而在为政府提供治理资金的同时促进减排和技术革新。80 年代末以来，发达国家逐渐采用环境市场手段改善环境管理的绩效，一些经济过渡国家和发展中国家也引入环境市场手段，并把环境政策研究和实践的主要着眼点放到了设计和实施能够实现环境与经济协调的手段上来，不断尝试探索和实践一些新的环境市场手段，以促进生态保护和经济良性增长的双重目标的实现。

（2）环境市场理论日趋完善，不断被应用于环境治理实践。20 世纪 90 年代以来，环境市场理论日趋完善，通过实证检验后被逐步应用于环境治理实践。同时，在原有环境市场机制的理论基础上创新，一些成本低廉的环境市场政策如生态服务收费、绿色资本市场在各国也被迅速推广。目前，发达国家已应用于环境领域的市场机制类政策主要包括创建市场、明晰产权、收费制度、税收手段、财政与金融手段、债券与押金退款制度、责任制度等。

（3）环境保护市场手段取得了良好的效果。从发达国家进展情况来看，市场手段在降低环境保护成本、提高行政效率、减少政府补贴和扩大财政收入诸多方面，具有行政命令手段所不具备的显著优点。实践表明，运用综合性的环境市场手段，可以促进新的污染控制技术、生产工艺和清洁技术与产品的开发，有效地抑制有害于环境的生产和消费，同时可以减少复杂的行政监控措施及其行政费用。正是由于环境市场手段的优点，环境市场机制政策作为环境管理的重要手段，在越来越多的国家得到广泛的应用，并取得了良好的效果。例如，利用资源价格改革，引入资源初始价格和环境资源初始价格，使资源消耗、环境污染能反映资源和环境价值；利用税收政策改革，引入资源税和环境税，使税收政策"绿色化"；利用资本市场创新，引入绿色信贷、环境保险、上市公司环境绩效评估和环境会计报告等，促使企业绿色发展。

2.1.2　主要国家实践

西方发达国家历来重视环境市场机制，不断提倡使用和完善市场手段，以下列举一些国家的政策实践。

2.1.2.1　排污权交易

面对二氧化硫污染日益严重的现实，美国国家环境保护局为了保证实现《清洁空气法》所规定的空气质量目标时提出了排污权交易的设想，并从 1977 年开始先后制定了一系列政策法规，允许不同工厂之间转让和交换排污削减量，这也为企业针对如何进行费用最小的污染削减提供了新的选择。

美国的排污权交易政策取得了显著效果，在实施二氧化硫排污权交易的过程中，1978—1998 年，美国空气一氧化碳浓度下降了 58%，二氧化硫浓度下降了 53%；1990—2000 年，美国一氧化碳排放量下降了 15%，二氧化硫排放量下降了 25%。在美国之后，澳大利亚、加拿大、德国等国家也相继进行了排污权交易政策的实践，并且取得了良好的环境效益和经济效益。

2.1.2.2　环境税收政策

20 世纪 60 年代，由于工业化的迅猛发展，许多国家发生了一系列重大环境污染事件，人类面临着日益严重的环境污染问题，生存和发展都受到了严重威胁。当时世界上普遍采用的是"命令-控制"的直接管制手段，然而在日益加深的环境污染问题上，这种强制性手段已无法实现最初设计的效果。

因此，世界各国必须寻找更为行之有效的环境保护手段。20 世纪 60 年代 OECD 国家开始陆续出台了以治理污染为目的的各种污染税费，如法国于 1964 年开征水污染费等。80 年代至 90 年代初，OECD 国家环境税种类日益增多，相继开征了燃油税、电力税、煤炭税、机动车税、气候变化税、包装税和资源类税收等。进入 21 世纪以来，OECD 国家开始注重税收政策整体的绿色化调整，各国纷纷推行利于环保的财政、税收政策，许多国家还进行了综合的环境税制改革。荷兰、德国及北欧各国进行了税收制度绿色化改革。

2.1.2.3　绿色金融手段

绿色金融指金融部门把环境保护作为一项基本政策，把环境保护融合进银行的日常业务中，促进社会的可持续发展。"赤道原则"是国际绿色金融政策中的重要行为准则，是在绿色信贷中最常用的社会和环境风险准则。该原则 2002 年由国际金融公司提出，随后花旗银行、巴克莱银行、荷兰银行、西德意志银行等 10 家国际领先银行宣布实行"赤道原则"。"赤道原则"要求金融机构在向一个项目投资时，要对该项目可能对环境和社会的影响进行综合评估，并且利用金融杠杆促进该项目在环境保护以及周围社会和谐发展方面发挥积极作用。目前接受"赤道原则"的金融机构共计 79 家，覆盖了全球 80%的项目融资。

环境污染责任保险也是发达国家常用的绿色金融政策之一。1970 年美国颁布《资源保护和赔偿法》，要求经营有害物质的企业对经营过程中所可能导致的环境损害，必须提供经济补偿能力证明，企业为了满足该法律要求，都会选择投保环境污染责任保险。德国环境污染责任保险采取强制责任保险与财务保证或担保相结合的制度。德国《环境责任法》规定，存在重大环境责任风险的"特定设施"的所有人，必须采取一定的预先保障义务履行的措施，包括与保险公司签订损害赔偿责任保险合同，或由州、联邦政府和金融机构提供财务保证或担保。法国和英国的环境污染责任保险是以自愿保险为主、强制保险为辅。一般由企业自主决定是否就环境污染责任投保，但法律规定必须投保的则强制投保。

2.1.2.4 碳交易手段

目前，碳排放交易机制已经在欧洲、北美及亚太地区积极推进。欧盟碳交易排放机制是世界上第一个多国参与的排放交易体系，也是欧盟为了实现《京都议定书》确立的二氧化碳减排目标，于 2005 年建立的气候政策体系。它是欧盟气候政策的核心部分，以限额交易为基础，提供了一种以最低经济成本实现减排的方式。这也是全球最大的碳排放总量控制与交易体系。目前，欧盟在所有欧盟成员国及冰岛、列支敦士登和挪威等 30 个国家推行，涉及排放二氧化碳 2 亿 t 的 1 万个行业，排放量约占欧盟温室气体排放总量的 40%。

2.2 国内环境保护市场机制现状

排污收费政策是中国最早的环境保护市场机制政策。随着排污收费制度从 1979 年实施以来，我国不断加快建设和完善环境保护市场机制。特别是"十一五"以来，环境市场机制在环保工作中日益受到重视，在筹集环保资金、调控环境行为、激励企业减排、提升管理效率等方面日益发挥着重要作用，环境市场机制的地位在环境政策体系中不断提升。

2.2.1 早期以行政手段为主

早期以行政手段为主的环境管理逐渐产生了一系列弊端。长期以来，我国环保工作主要是依赖行政手段，主要原因包括：①在计划经济的背景下，各级政府都有丰富的实践经验，政府各部门都习惯于用行政手段进行管理；②行政手段要比技术手段、法制手段和经济政策手段的力度强；③行政手段的管理方法易操作；④行政手段见效快。但是，过分依赖行政手段，也伴生了一些不正常的现象：①过度使用行政手段，对执法不够重视，造成环境执法薄弱；②导致以罚款代替执法；③造成运动式环境执法和管理；④执法力度由长官意志强弱决定；⑤行政管理手段过于粗放。过分依赖行政手段也带来了很多弊病：①过度使用行政手段，污染的反弹率高；②过度使用行政手段可以大量集中行政资源，但是行政成本非常高；③过度使用行政手段，容易激化基层的社会矛盾；④造成了大量污染转移；⑤加剧了市场的不公平竞争；⑥行政手段具有主观随意性，还容易造成腐败。

从管理手段的角度来看，中国从计划经济向市场经济平稳转型的过程中，社会主义市场经济取得了积极进展，但是市场机制发育并不完善，资源低价、环境廉价的状况始终没有得到根本性改变，市场机制在治污中的作用没有得到充分发挥，依然大量使用着传统的行政手段，环境管理效果并不理想。

2006年，第六次全国环境保护大会要求"从主要用行政办法保护环境转变为综合运用法律、经济、技术和必要的行政办法解决环境问题，自觉遵循经济规律和自然规律，提高环境保护工作水平"，是环境保护道路的重大创新。

2.2.2 国家高度重视环境保护市场机制

（1）环境保护市场机制得到逐渐重视。近年来，随着市场经济的不断完善和推进，环境市场政策也越来越受到重视，成为绿色发展转型的重要手段。《生态文明体制改革总体方案》《国民经济和社会发展第十三个五年规划纲要》《"十三五"生态环境保护规划》《"十三五"节能减排综合工作方案》等重要文件和规划都对环境市场机制提出了明确要求。党的十九大报告作出了全面深化改革的重大战略部署，提出要使市场在资源配置中起决定性作用。

（2）环境市场机制政策逐渐进入发布高峰期。国家不断重视环境市场机制的研究与实施，发布了大量的环境市场政策，2007—2016 年，国家层面环境市场政策共计出台了 13 个类别 343 项，其中环境财政政策出台数量最多，达到 92 项。在这些政策中，财政、金融、发改、环保等多个部门都有涉及发布。在地方层面，2007—2016 年共计出台了 318 项环境市场政策，一些环境市场政策的试点工作也在各地全面展开。

（3）基本建立了环境市场机制政策体系。1979 年我国开始实施排污收费政策，标志着环境保护市场手段的开端。随着社会经济的发展和环境管理工作的不断深入，我国不断加快和完善环境保护市场机制。特别是过去 10 年，环保投融资、环境金融、环境税费、生态补偿、排污权交易等环境市场政策取得了积极进展，尽管一些环境市场政策还没有进入全面实施阶段，但是整体来看，这些环境市场政策已经覆盖社会经济活动全链条，不同的政策单独或者共同调整着开采、生产、流通或消费环节的社会经济行为，形成了较为系统协调的环境市场政策体系。

（4）产生了一些具有中国特色的环境市场机制政策。由于我国的社会经济制度与 OECD 成员国存在较大差异，为了适应我国的国情和实际需求，环境市场政策实践与国外必然存在较大差异，国别特色尤其明显，很多做法都区别于其他国家的一般性实践。如排污权交易政策，美国在一级市场的初始配额分配主要采用的是无偿分配方式，我国各地试点实践的则主要是有偿分配模式；美国的排污权二级市场主要是企业之间进行交易，我国目前实行的是一种政府主导型模式。类似的情况较为常见，主要原因是我国市场经济体系还不完备，资源产权体系不完善，政府市场分工不清，环境资源定价机制没有形成等。

（5）环境市场机制体系还存在一些问题。目前我国仅初步搭建了一个环境市场政策体系框架，包括环境财政、环境税、排污权交易、生态补偿、环境信贷、环境责任险等在内的政策体系仍只是一个初步框架。除了环境财政、环境税费和环境资源定价政策发展相对完善，排污权交易、流域生态补偿、环境污染责任险、环境债券等其他多种环境市场政策还在深入推进阶段；环境市场政策体系中各类政策结构安排与功能分工，也需要在实践中不断探索和完善。

2.2.3　环境市场机制不断发展

（1）环境市场机制将得到进一步发展。党的十八大以来，我国大力推进生态文明建设，生态文明建设的重点内容就是要用制度保护生态环境，《生态文明体制改革总体方案》明确提出，要加快资源环境税费改革、健全环境治理和生态保护市场体系等一系列市场机制手段，环境市场机制已经成为生态文明建设的重要组成部分，是实现绿色发展的重要保障。

（2）环境市场机制的法律地位将得到不断提高。新修订的《中华人民共和国环境保护法》（以下简称《环境保护法》）对创新运用环境市场政策提出了明确要求，提出利用财税、价格、采购等经济政策促进控污减排，建立、健全生态保护补偿制度，改革环境税费，完善环境财政预算，推进环境污染责任保险等，环境保护市场机制的法律地位得到进一步加强。

（3）环境保护市场机制各类政策将分类推进。经过多年的发展，我国已经基本建立了环境市场政策体系，但是各类政策推进速度各不相同。在《生态文明体制改革总体方案》中，社会化环保投融资、碳排放权交易、排污权交易、水权交易、绿色金融、绿色产品被列入了重点推进领域。在未来环境保护市场机制的研究中，这类市场政策手段将得到重点推进。

第*3*章
有利于环境保护的价格机制

本章主要总结了我国综合水价、能源价格、成品油价格的形成机制，概括了现有价格机制中存在的问题，并提出了相关政策建议。

3.1 原理分析

价格机制是在市场竞争过程中，生产供应方欲实现利润最大化，消费需求方欲实现效用最大化，双方以货币为媒介在市场上进行交换，由此形成了价格机制。

3.1.1 价格机制在市场机制中处于核心地位

所谓价格机制，是指在竞争过程中，与供求相互联系、相互制约的市场价格的形成和运行机制。价格机制是市场机制中最敏感、最有效的调节机制，价格的变动对整个社会经济活动有十分重要的影响。商品价格的变动，会引起商品供求关系变化；而供求关系的变化，又反过来引起价格的变动。市场中的各种价值形式，如财税、货币、利润、工资等，均在不同程度上与价格相互作用。有利于环境保护的税收机制中的绿色税收即是价格的组成部分，其变动直接影响价格水平；相反在一定价格水平下，价格又制约着税收的变动。而有利于环境保护的金融机制中绿色信贷的利率、绿色保险的保费、碳金融的碳定价等均是源于价格机制。

3.1.2   市场机制通过价格机制发挥作用

价格机制是市场机制中最敏感、最有效的调节机制,在市场经济运行和发展过程中起到重要作用。价格机制是国家宏观经济的重要调控手段,既可以调节生产行为,也可以调节消费需求。有利于环境保护的价格机制主要包括自来水价、水资源费、污水处理费等供水价格以及煤炭、电力、成品油等能源价格。通过完善的水价和能源价格机制,可以充分发挥价格杠杆对资源能源的合理配置,提高能源产品,自来水及污水处理的生产力,将外部环境成本内部化。

3.2   应用现状

3.2.1   我国水价政策

3.2.1.1   供水价格政策概述

经过多年改革,我国已经形成了由自来水价、水利工程供水价格、水资源费、污水处理费和税费组成的、较为完善的城市供水价格体系,覆盖了从源头到终端的城市供水全过程。用水价格主要由以下项目构成:

(1)自来水价格及水利工程供水价格。自来水价格是根据用水量和用户类型向用水单位和个人征收的费用,是供水经营者从事供水生产取得的经营收入,由供水成本、费用、税金和利润构成。遵循补偿成本、合理收益、节约用水、公平负担的原则,水费收入由供水单位支配和使用。

水利工程供水价格是指供水经营者通过拦、蓄、引、提等水利工程设施销售给用户的天然水价格。通常作为自来水成本的组成部分,以自来水价的形式向用户收取。

(2)水资源费。水资源费是根据水资源取用量向取用地表水和地下水资源的单位和个人征收的费用。作为一种行政事业性收费,体现国家对水资源的所有权,同时还体现了水资源的稀缺程度。征收水资源费是政府用以调节水资源总量供应的手段,也是实现水资源节约利用、保护和管理工作有效的经济调节手段和重要的财政保障渠道。

2017 年 11 月 24 日财政部、税务总局、水利部联合发布《扩大水资源税改革试点实施办法》（财税〔2017〕80 号）的通知，明确在河北试点水资源税改革的基础上，自 2017 年 12 月 1 日起，在北京、天津、山西、内蒙古、山东、河南、四川、陕西、宁夏 9 个省份，将试点水资源税征收管理，停止征收水资源费，将征收标准降为零。

（3）污水处理费。污水处理费是按照"污染者付费"原则，由排水单位和个人缴纳并专项用于城镇污水处理设施建设、运行和污泥处理处置的资金。从本质来看，污水处理费是对向城镇污水集中处理设施排放污水的排污者征收的费用，属于服务价格。在实际操作中， 2014 年年末财政部、国家发展和改革委员会、住房和城乡建设部印发的《污水处理费征收使用管理办法》（财税〔2014〕151 号）指出，污水处理费属于政府非税收入，全额上缴地方国库，纳入地方政府性基金预算管理，实行专款专用。

除以上内容外，城市供水价格中还包括了供水企业承担的与供水直接相关的税费等。

3.2.1.2 居民用水价格

（1）在计价方式上，城镇居民生活用水实行阶梯价格制度。2013 年 12 月，国家发展和改革委员会、住房和城乡建设部下发《关于加快建立完善城镇居民用水阶梯价格制度的指导意见》（发改价格〔2013〕2676 号），要求在 2015 年年底前，设市城市原则上要全面实行居民阶梯水价制度，具备实施条件的建制镇，也要积极推进居民阶梯水价制度。各阶梯水量设置应不少于三级，第一级水量原则上按覆盖 80%居民家庭用户的月均用水量确定，保障居民基本生活用水需求；第二级水量原则上按覆盖 95%居民家庭用户的月均用水量确定，体现改善和提高居民生活质量的合理用水需求；第三级水量为超出第二级水量的用水部分。根据不同阶梯的保障功能，第一级和第二级要保持适当价差，第三级要反映水资源稀缺程度，拉大价差，抑制不合理消费。原则上，一、二、三级阶梯水价按不低于 1∶1.5∶3 的比例安排。2018 年 6 月，国家发展和改革委员会发布《关于创新和完善促进绿色发展价格机制的意见》（发改价格规〔2018〕943 号），提出逐步将居民用水价格调整至不低于成本水平，适时完善居民阶梯水价制度。

（2）水资源费区分地表水和地下水，按照城镇公共供水标准收取。2013 年，国家发展和改革委员会、财政部和水利部联合下发《关于水资源费征收标准有关问题的通知》（发改价格〔2013〕29 号），要求规范水资源费标准分类。区分地表水和地下水分类制定水资源费征收标准。地表水分为农业、城镇公共供水、工商业、水力发电、火力发电贯流式、特种行业及其他取用水；地下水分为农业、城镇公共供水、工商业、特种行业及其他取用水。在上述分类范围内，各省份可根据本地区水资源状况、产业结构和调整方向等情况，进行细化分类。严格控制地下水过量开采。

（3）居民生活用水污水处理收费标准大幅上调。2015 年年初，国家发展和改革委员会、财政部、住房和城乡建设部下发《关于制定和调整污水处理收费标准等有关问题的通知》（发改价格〔2015〕119 号），明确污水处理收费标准应按照"污染付费、公平负担、补偿成本、合理盈利"的原则，综合考虑本地区水污染防治形势和经济社会承受能力等因素制定和调整。收费标准要补偿污水处理和污泥处置设施的运营成本并合理盈利。2016 年年底前，设市城市污水处理收费标准原则上每吨应调整至居民不低于 0.95 元，县城、重点建制镇原则上每吨应调整至居民不低于 0.85 元。加大污水处理费收缴力度、实行差别化收费政策、鼓励社会资本投入。2015 年，《中共中央　国务院关于推进价格机制改革的若干意见》（中发〔2015〕28 号）提出，按照"污染付费、公平负担、补偿成本、合理盈利"原则，合理提高污水处理收费标准，城镇污水处理收费标准不应低于污水处理和污泥处理处置成本，探索建立政府向污水处理企业拨付的处理服务费用与污水处理效果挂钩调整机制。2018 年 6 月，国家发展和改革委员会发布《关于创新和完善促进绿色发展价格机制的意见》（发改价格规〔2018〕943 号），明确了行业争议多年的污水处理全成本边界：按照补偿污水处理和污泥处置设施运营成本（不含污水收集和输送管网建设运营成本）并合理盈利的原则，制定污水处理费标准。

3.2.1.3　非居民用水价格

非居民生活用水包括工业用水、经营服务用水和行政事业单位用水等。目前，我国非居民生活用水方面实行以下价格政策：

（1）经营服务用水与工业用水实行同价。2009 年，国家发展和改革委员会办公厅下发《关于做好商业与工业用电用水同价工作有关问题的通知》（发改办价格〔2009〕1255 号），要求各地在调整供水价格时，要按照《国务院办公厅关于搞活流通扩大消费的意见》（国办发 134 号）的要求，遵循"补偿成本、合理收益、节约用水、公平负担"的原则，简化水价分类，实行商业用水（经营服务用水）与工业用水同价。

（2）在计价方式上，对非居民生活用水和用水大户实行超定额和超计划累进加价制度。2002 年，国家计委会同财政部等部门下发《关于进一步推进城市供水价格改革工作的通知》（计价格〔2002〕515 号），指出"城市供水价格改革工作的重点，是建立合理的水价形成机制，促进水资源保护和合理利用"。要求"全国各省辖市以上城市应当创造条件在 2003 年年底以前对城市居民生活用水实行阶梯式计量水价。对非居民用水实行计划用水和定额用水管理，实行用水超计划、超定额累进加价办法"。此后，国家在多份重要文件中均坚持此提法。2015 年 4 月，国务院下发《关于印发〈水污染防治行动计划〉的通知》（国发〔2015〕17 号），提出"理顺价格税费。加快水价改革。2020 年年底前，全面实行非居民用水超定额、超计划累进加价制度"。2018 年 6 月，国家发展和改革委员会发布《关于创新和完善促进绿色发展价格机制的意见》（发改价格规〔2018〕943 号），提出全面推行城镇非居民用水超定额累进加价制度，对标先进企业，科学制定用水定额并动态调整，合理确定分档水量和加价标准，2020 年年底前要全面落实到位。缺水地区要从紧制定或修订用水定额，提高加价标准，充分反映水资源稀缺程度。对"两高一剩"等行业实行更高的加价标准，加快淘汰落后产能，促进产业结构转型升级。

（3）水资源费区分地表水和地下水，按照工商业标准收取。2013 年，国家发展和改革委员会、财政部和水利部联合下发《关于水资源费征收标准有关问题的通知》（发改价格〔2013〕29 号），要求规范水资源费标准分类。区分地表水和地下水分类制定水资源费征收标准。①地表水分为农业、城镇公共供水、工商业、水力发电、火力发电贯流式、特种行业及其他取用水；②地下水分为农业、城镇公共供水、工商业、特种行业及其他取用水。在上述分类范围内，各省份可根据本地区水资源状况、产业结构和调整方向等情况，进行细化分类。

（4）非居民生活用水污水处理收费标准大幅上调。2015 年年初，国家发展和改革委员会（以下简称国家发改委）、财政部、住房和城乡建设部下发《关于制定和调整污水处理收费标准等有关问题的通知》（发改价格〔2015〕119 号），明确污水处理收费标准应按照"污染付费、公平负担、补偿成本、合理盈利"的原则，综合考虑本地区水污染防治形势和经济社会承受能力等因素制定和调整。收费标准要补偿污水处理和污泥处置设施的运营成本并合理盈利。2016 年年底前，设区城市污水处理收费标准原则上每吨应调整至非居民不低于 1.4 元，县城、重点建制镇原则上每吨应调整至非居民不低于 1.2 元。2015 年，《中共中央 国务院关于推进价格机制改革的若干意见》（中发〔2015〕28 号）提出，按照"污染付费、公平负担、补偿成本、合理盈利"原则，合理提高污水处理收费标准，城镇污水处理收费标准不应低于污水处理和污泥处理处置成本，探索建立政府向污水处理企业拨付的处理服务费用与污水处理效果挂钩调整机制。2018 年 6 月，国家发改委发布《关于创新和完善促进绿色发展价格机制的意见》（发改价格规〔2018〕943 号），提出建立与污水处理标准相协调的收费机制，支持提高污水处理标准，污水处理排放标准提高至一级 A 标准或更严格标准的工业园区，可相应地提高污水处理费标准。

3.2.1.4 特种用水价格

特种用水主要包括洗浴、洗车用水等，特种用水范围各地可根据当地实际自行确定。2009 年《关于做好城市供水价格管理工作有关问题的通知》（发改价格〔2009〕1789 号）要求，对洗浴、洗车等特种用水，仍应实行单独分类计价，与其他用水保持合适的差价，促进节约用水。

3.2.1.5 农业用水价格

我国农业用水价格主要包括：①水资源费，指取用水资源的单位与个人利用取水工程和设备从江河湖泊取水或取用地下水，都应该办理相关手续并缴纳水资源费用；②农田水利工程供水价格，指从事农业生产的农民从其他经过水利投资建设的工程中取水时应该缴纳的费用；③农业终端水价，2007 年以后，我国相应地推出农业终端水价，其主要出发点在于为农业水利的末级管道、水渠建立资金筹集渠道，为农业水利设施的完全覆盖奠定了基础。

虽然建立了农业用水价格体系，但是我国农业水价远低于供水成本，造成农田水利工程难以正常运行维护、老化失修严重，农业用水粗放、效率不高，社会资本不愿进入农田水利领域、投资来源单一。2014 年 10 月，国家发改委等部门印发《深化农业水价综合改革试点方案》，在全国 27 个省份的 80 个县开展试点，要求"农业水价按照价格管理权限实行分级管理。大中型灌区骨干工程农业水价原则上实行政府定价，具备条件的可由供需双方在平等自愿的基础上，按照有利于促进节水、保障工程良性运行和农业生产发展的原则协商定价；大中型灌区末级渠系和小型灌区农业水价，可实行政府定价，也可实行协商定价，具体方式由各地自行确定。"截至 2016 年年底，全国改革实施面积达到 2 200 万亩。

2018 年 6 月，国家发改委发布《关于创新和完善促进绿色发展价格机制的意见》（发改价格规〔2018〕943 号），提出深入推进农业水价综合改革，进一步明确了工作重点和政策要点。明确农业水价综合改革试点地区要将农业水价一步或分步提高到运行维护成本水平，有条件的地区提高到完全成本水平；完成农业节水改造的地区，要充分利用节水腾出的空间提高农业水价。2018 年 6 月 22 日，国家发改委、财政部、水利部、农业农村部四部门联合印发《关于加大力度推进农业水价综合改革工作的通知》，提出各地要进一步对标《国务院办公厅关于推进农业水价综合改革的意见》（国办发〔2016〕2 号）确定的改革目标和任务，细化落实 2018 年度实施计划，新增改革实施面积 7 900 万亩以上，将落实情况作为年度改革绩效评价的重要考核内容。明确狠抓改革重点区域、因地制宜地设计改革方案、协同配套推进改革实施、建立改革台账等一系列举措。

3.2.1.6 再生水价格

再生水是指废水或雨水经适当处理后，达到一定的水质指标，满足某种使用要求，可以进行有益使用的水。与海水淡化、跨流域调水相比，再生水具有明显的优势。从经济的角度看，再生水的成本最低；从环保的角度看，污水再生利用有助于改善生态环境，实现水生态的良性循环。

自 2000 年以来，国家先后制定下发了《国务院关于加强城市供水节水和水污染防治工作的通知》（国发〔2000〕36 号）和《国务院办公厅关于推进水价改革促进节约用水保护水资源的通知》（国办发〔2004〕36 号），要求大力推进城市再生水资源的开发利用，并从水资源合理配置的角度对再生水价格、设施建设、政策扶持等方面提出明确的政策导向。

再生水由于其水源是城市污水，而不是地表水或地下水，不具有与地表水和地下水相当品质的有用性和稀缺性，因此，2004 年国务院办公厅《关于推进水价改革促进节约用水保护水资源的通知》中明确规定"对再生水生产免征水资源费和城市公用事业附加费"。基于此，再生水水价由三部分组成，即成本水价、利润、税金。再生水的成本包括再生水的生产成本和输送成本。生产成本主要包括再生水生产过程中的设备折旧，所耗费的药剂、电力、人工等的投入，以及运营、管理等费用；输送成本主要是建设输水管网和提升泵站、增压设备等费用以及管网和泵站的运营、维护和管理等费用。再生水企业的利润水平应符合国家的规定。例如，深圳市2009年颁布的《深圳经济特区城市供水用水条例》中规定，城市供水应按供水成本加税费加合理利润的原则确定水费标准；居民生活用水按保本微利的原则定价，实行分级加价收费；消防、环卫和绿化用水按成本价收费；其他用水则合理计价；供水企业的供水净资产利润率不得高于8%。

全国范围的再生水利用增长迅速，2005—2015 年我国再生水利用量由 10.9 亿m³ 增长至 52.57 亿 m³，广泛用于北方缺水地区的景观与生态环境、工业用水等。但是目前再生水利用率普遍较低，与政府要求 2020 年年前达到 30%仍存在一定差距，需要采取包括再生水价格支持政策在内的各项措施，推动再生水的利用。2018年国家发改委发布《关于创新和完善促进绿色发展价格机制的意见》（发改价格规〔2018〕943 号），要求建立有利于再生水利用的价格政策，按照与自来水保持竞争优势的原则确定再生水价格；建立灵活的定价政策，具备条件的可以协商定价，并可探索实行累退价格机制，从而大幅度提高再生水的价格优势。

3.2.2　我国能源价格政策

3.2.2.1　煤炭价格

我国煤炭价格由原来的政府定价转变为市场定价。首先是政府逐渐放开煤炭价格管理，实行煤炭价格双轨制，再到后来由煤炭企业与电企协商定价，从 2001年起，国家宣布取消电煤政府指导价，至此，在制度层面上，煤炭价格开始实行完全的市场化确定机制。但在其后 3 年的实际运行中，由于市场煤与计划电的体制矛盾的存在，每年的电煤价格谈判仍需政府协调方可达成协议。2005 年实行了煤电联动政策，这在一定程度上缓解了体制矛盾，2006 年国家明确不再协调电煤价格，2007 年"继续坚持煤炭价格市场化改革方向，由供需双方企业根据市场供求关系协商确定价格""坚持以质论价、同质同价、优质优价的基本原则"，并明确"继续实施煤电价格联动政策"，以此促使电煤合同价格向市场价格回归。2008年又进一步提出"加快形成反映市场供求关系、资源稀缺程度、环境损害成本的煤炭价格形成机制"。2013 年我国取消电煤重点合同政策，煤炭市场进入完全市场化。

从煤炭生产者出厂价格指数看，2002 年、2005 年、2008 年和 2010 年增幅较大，近年来呈现下降趋势（图 3-1）。但是 2016 年煤炭价格出现上涨。

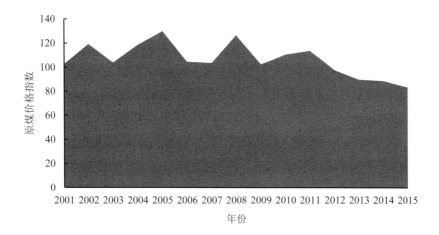

图 3-1　原煤工业生产者出厂价格指数

从地区来看，2015 年全国煤炭生产者出厂价格指数为 85.3，高于全国平均值的地区有天津、山西、江苏、浙江、安徽、山东、河南和陕西（图 3-2）。

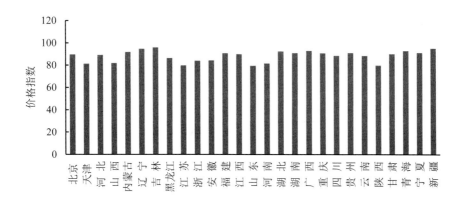

图 3-2　2015 年各地区原煤工业生产者出厂价格指数

3.2.2.2 电力价格

（1）上网电价。我国电力价格政策随着不断推进的电力体制改革调整。目前"政府指导价和市场竞价"同时存在，国家价格主管部门以煤电为基础，针对不同的发电方式，制定标杆上网电价，对可再生能源发电实行电价补贴等政策[①]，对煤电价格实行区间联动机制[②]。各省份价格主管部门按照国家规定的标准，制定和下发本省份上网电价和销售电价调整具体方案，并报国家发改委备案。

根据国家能源局资料显示[③]，2017 年，全国发电企业平均上网电价为 376.28 元/（10^3 kW·h），同比增长 1.93%，其中光伏发电最高，为 939.90 元/（10^3 kW·h），水力发电最低，为 258.93 元/（10^3 kW·h）。燃煤机组全国平均上网电价为 371.65 元/（10^3 kW·h），同比增长 2.56%，其中云南最高，为 470.25 元/（10^3 kW·h），新疆最低，为 224.44 元/（10^3 kW·h）；水电机组全国平均上网电价为 258.93 元/（10^3 kW·h），同比下降 2.14%，其中浙江最高，为 563.43 元/（10^3 kW·h），云南最低，为 192.20 元/（10^3 kW·h）；风电机组全国平均上网电价为 562.30 元/（10^3 kW·h），同比下降 0.43%，其中上海最高，为 751.91 元/（10^3 kW·h），云南最低，为 423.76 元/（10^3 kW·h）；燃气发电、核电全国平均上网电价分别为 664.94 元/（10^3 kW·h）、402.95 元/（10^3 kW·h），同比分别下降 4.34%、4.30%；光伏发电、生物质发电平均上网电价分别为 939.90 元/（10^3 kW·h）、765.36 元/（10^3 kW·h），同比分别增长了 0.18%、2.73%。

各省份燃气发电、核电[④]、光伏、生物质发电平均上网电价见表 3-1。

表 3-1　2017 年各省份（地区）发电企业平均上网电价情况统计

单位：元/10^3 kW·h

省份（地区）	燃煤发电	燃气发电	水电	风电	核电	光伏	生物质
全国平均	371.65	664.94	258.93	562.30	402.95	939.90	765.36
北京	—	657.78	—	733.13	—	—	—

① 可再生能源是指风能、水能、太阳能、生物质能、海洋能、地热能等非化石能源，见《可再生能源法》。

② 煤电价格联动。

③ 资料来源：国家能源局《2017 年度全国电力价格情况监管通报》。

④ 中国在 2009 年国家能源局编制的新能源发展规划时，把新能源主要界定为："以新技术为基础，已经开发但还没有规模化应用的能源，或正在研究试验，尚需进一步开发的能源"，主要包括风能、太阳能、生物质能源等。需要注意的是，核能在许多国家已经规模化利用，属于常规能源范畴，而根据中国国家能源局发布的《国家能源科技"十二五"规划》中，从有关新能源技术领域的描述和界定中可以看出，在"十二五"期间中国仍旧将核能划归到新能源范畴内。

省份（地区）	燃煤发电	燃气发电	水电	风电	核电	光伏	生物质
天津	375.79	707.98	—	614.35	—	—	—
河北	363.93	—	—	551.81	—	1 057.54	—
山西	409.60	—	—	615.19	—	1 101.31	797.70
山东	316.07	674.01	293.81	619.91	—	945.35	—
蒙东	295.95	—	384.17	537.31	—	852.31	742.08
蒙西	268.80	—	—	477.47	—	926.70	—
辽宁	358.56	—	256.99	597.07	367.29	708.35	739.49
吉林	368.91	—	413.78	579.19	—	922.46	743.00
黑龙江	371.86	—	471.25	567.49	—	682.41	567.64
陕西	329.60	—	342.58	579.93	—	571.32	—
甘肃	263.55	—	248.78	470.83	—	855.74	608.11
宁夏	255.47	—	350.45	562.62	—	871.57	—
青海	272.42	—	214.64	513.00	—	867.77	—
新疆	224.44	—	249.88	466.20	—	895.85	—
上海	411.27	780.09	—	751.91	—	—	653.55
浙江	388.35	603.77	—	652.90	448.48	1 120.98	857.12
江苏	432.57	841.63	563.43	—	415.83	1 115.04	—
安徽	373.58	—	396.56	609.17	—	992.83	—
福建	370.68	542.77	349.62	626.32	372.19	973.00	—
湖北	408.84	773.96	273.06	637.81	—	767.51	572.85
河南	451.28	—	327.23	588.29	—	1 014.22	770.38
湖南	370.11	599.99	315.14	610.75	—	744.54	750.15
江西	413.26	—	368.99	616.29	—	1 016.98	—
四川	406.40	504.05	259.08	565.93	—	818.87	794.99
重庆	394.71	799.33	327.58	545.18	—	—	643.50
广东	444.70	651.65	369.02	608.48	430.17	993.53	747.88
广西	402.71	—	220.37	607.51	400.69	—	—
云南	470.25	—	192.20	423.76	—	1 109.13	638.70
贵州	348.17	—	287.63	619.56	—	953.48	—
海南	432.53	642.78	398.75	664.27	429.52	1 010.00	—

注：新能源上网电价含度电补贴。

平均上网电价=售电收入/上网电量×1.17，含税。

（2）可再生能源补贴政策。

☞ 风电标杆上网电价：2005 年 3 月颁布的《可再生能源法》规定："可再生能源发电项目的上网电价，由国务院价格主管部门根据不同类型可再生能源发电的特点和不同地区的情况，按照有利于促进可再生能源开发利用和经济合理的原则确定，并根据可再生能源开发利用技术的发展适时调整。"2006 年，国家发改委会同电监会制定了《可再生能源发电价格和费用分摊管理暂行办法》，提出了"风力发电项目的上网电价实施政府指导价，电价标准由国务院电价主管部门按照招标形成的电价确定"。按照此法以省级风电项目招标中标的电价为参考，确定了省内核准的上网电价，各省均不相同。2009 年 7 月，国家发改委发布了《关于完善风力发电上网电价政策的通知》，将全国分为四类风能资源区，风电标杆电价水平分别为 0.51 元/kW·h、0.54 元/kW·h、0.58 元/kW·h 和 0.61 元/kW·h。分区域核定电价的方法一直延续至今，但价格经历了多次变动，补贴逐年减少。2015 年 12 月 22 日，《国家发改委关于完善路上风电光伏发电上网标杆电价政策的通知》实行陆上风电上网标杆电价随发展规模逐步降低的价格政策，规定了 2016 年和 2018 年风电补贴标准，上网电价沿用至今。

国家发改委《关于调整光伏发电陆上风电标杆上网电价的通知》（发改价格〔2016〕2729 号）规定，2018 年 1 月 1 日之后，Ⅰ～Ⅳ类资源区新核准建设陆上风电标杆上网电价分别调整为 0.40 元/kW·h、0.45 元/kW·h、0.49 元/kW·h、0.57 元/kW·h（表 3-2），比 2016—2017 年电价降低 0.07 元/kW·h、0.05 元/kW·h、0.05 元/kW·h、0.03 元/kW·h。这是风电实行标杆电价以来最大幅度的下调，目的是倒逼 2020 年风电、光伏平价上网，合理引导新能源投资。通过下调上网电价可在一定程度上遏制对项目规模的盲目追求，迫使投资者更为理性地作出决定，也可以倒逼风机等主要设备降低成本，从而降低整个风电场的工程造价，提升风电行业的长期竞争力。

☞ 光伏发电标杆上网电价：2013 年 9 月，《国家发展改革委关于发挥价格杠杆作用促进光伏产业健康发展的通知》将全国分为三类太阳能资源区，相应制定光伏电站标杆上网电价。光伏电站标杆上网电价高于当地燃煤机组标杆上网电价（含脱硫等环保电价）的部分，通过可再生能源发展基金予以补贴。对分布式光伏发电试行按照全电量补贴的政策，电价补贴标准为

0.42 元/kW·h（含税）。自 2016 年起，光伏发电标杆上网电价每年调整一次。

表 3-2　全国陆上风力发电标杆上网电价　　　　单位：元/kW·h（含税）

资源区	2018 年新建陆上风电标杆上网电价	各资源区所包括的地区
Ⅰ类资源区	0.40	内蒙古自治区除赤峰市、通辽市、兴安盟、呼伦贝尔市以外其他地区；新疆维吾尔自治区乌鲁木齐市、伊犁哈萨克族自治州、克拉玛依市、石河子市
Ⅱ类资源区	0.45	河北省张家口市、承德市；内蒙古自治区赤峰市、通辽市、兴安盟、呼伦贝尔市；甘肃省嘉峪关市、酒泉市；云南省
Ⅲ类资源区	0.49	吉林省白城市、松原市；黑龙江省鸡西市、双鸭山市、七台河市、绥化市、伊春市、大兴安岭地区；甘肃省除嘉峪关市、酒泉市以外其他地区；新疆维吾尔自治区除乌鲁木齐市、伊犁哈萨克族自治州、克拉玛依市、石河子市以外其他地区；宁夏回族自治区
Ⅳ类资源区	0.57	除Ⅰ类、Ⅱ类、Ⅲ类资源区以外的其他地区

注：（1）2018 年 1 月 1 日以后核准并纳入财政补贴年度规模管理的陆上风电项目执行 2018 年的标杆上网电价；
　　（2）2 年核准期内未开工建设的项目不得执行该核准期对应的标杆电价；
　　（3）2018 年以前核准并纳入以前年份财政补贴规模管理的陆上风电项目，但于 2019 年年底前仍未开工建设的，执行 2018 年标杆上网电价；
　　（4）2018 年以前核准但纳入 2018 年 1 月 1 日之后财政补贴年度规模管理的陆上风电项目，执行 2018 年标杆上网电价。

为落实国务院办公厅《能源发展战略行动计划（2014—2020 年）》关于新能源标杆上网电价逐步退坡的要求，合理引导新能源投资，促进光伏发电产业健康有序发展，加快补贴退坡，国家发改委、财政部、国家能源局于 2018 年 5 月 31 日印发了《关于 2018 年光伏发电有关事项的通知》（发改能源〔2018〕823 号），再次调整 2018 年光伏发电标杆上网电价政策。提出加快光伏发电补贴退坡，降低补贴强度，2018 年 5 月 31 日以后投运的光伏电站标杆上网电价统一降低 0.05 元/kW·h，Ⅰ类、Ⅱ类、Ⅲ类资源区标杆上网电价分别调整为 0.5 元/kW·h、0.6 元/kW·h、0.7 元/kW·h（含税）。新投运的、采用"自发自用、余电上网"模式的分布式光伏发电项目，全电量度电补贴标准降低 0.05 元，即补贴标准调整为 0.32 元/kW·h（含税）。符合国家政策的村级光伏扶贫电站（0.5 MW 及以下）标杆电价保持不变。实行光伏发电价格退坡，尽快降低补贴标准，是国家太阳能发展"十三五"

规划已经明确的政策。近年来，为合理反映光伏发电成本降低情况，国家发改委不断调整光伏发电标杆上网电价，降低全社会的补贴负担，推动产业走向公平竞争、自主运营、良性循环的健康发展轨道（图 3-3）。本次光伏发电电价调整新政策进一步降低了纳入新建设规模范围的光伏发电项目标杆电价和补贴标准，降补贴、限规模，力度超出预期，被称为"史上最严光伏新政"。

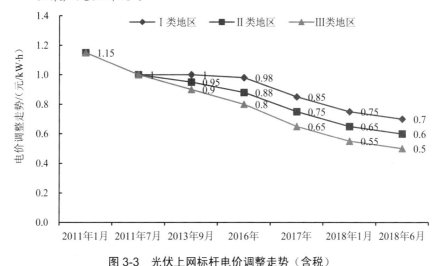

图 3-3　光伏上网标杆电价调整走势（含税）

☞　生物质发电上网电价：2006 年，国家发改委会同电监会制定了《可再生能源发电价格和费用分摊管理暂行办法》。生物质发电项目上网电价实行政府定价，由国务院电价主管部门分地区制定标杆电价，电价标准由各省份 2005 年脱硫燃煤机组标杆上网电价加补贴电价组成。补贴电价标准为 0.25 元/kW·h。发电项目自投产之日起，15 年内享受补贴电价；运行满 15 年后，取消补贴电价。2010 年 7 月，《国家发展改革委关于完善农林生物质发电价格政策的通知》中统一执行标杆上网电价 0.75 元/kW·h（含税）。垃圾能源化利用，特别是垃圾焚烧发电是我国生物质能的重要方向。《关于完善垃圾焚烧发电价格政策的通知》（发改价格〔2012〕801 号）规定以生活垃圾为原料的垃圾焚烧发电项目，均先按其入厂垃圾处理量折算成上网电量进行结算。每吨生活垃圾折算上网电量暂定为 280 kW·h，并执行全国统一垃圾焚烧发电标杆电价 0.65 元/kW·h（含税）；其余上网电量执行当地同类燃煤发电机组上网电价。2006 年 1 月 1 日后核准的垃圾焚烧发电项目均按上述规定执行。

（3）燃煤电厂环保综合电价。2006 年实施燃煤电厂脱硫环保电价以来，对电力环保设施的安装起到了很大的促进作用。目前，脱硫电价加价标准为 0.015 元/kW·h，脱硝电价为 0.01 元/kW·h，除尘电价为 0.002/kW·h，环保电价合计 0.027 元/kW·h。国家发改委和环保部 2014 年联合印发《燃煤发电机组环保电价及环保设施运行监管办法》明确，燃煤发电机组上网电量在现行上网电价基础上执行脱硫、脱硝和除尘电价加价等环保电价政策。为了鼓励燃煤电厂超低排放，2015 年 12 月 2 日，国家发改委、环境保护部和能源局联合发布了《关于实行燃煤电厂超低排放电价支持政策有关问题的通知》（发改价格〔2015〕2835 号），明确超低排放电价支持标准，对 2016 年 1 月 1 日以前已经并网运行的现役机组，对其统购上网电量加价 0.01 元/kW·h（含税）；对 2016 年 1 月 1 日之后并网运行的新建机组，对其统购上网电量加价 0.005 元/kW·h（含税）。

在环保电价政策的激励下，发电企业实施脱硫、脱硝及除尘设施改造的积极性明显提高，有效促进了减排目标实现。截至 2017 年年底，全国已投运火电厂烟气脱硫机组容量约 9.2 亿 kW，占全国火电机组容量的 83.6%，占全国煤电机组容量的 93.9%，如果考虑具有脱硫作用的循环流化床锅炉，全国脱硫机组占煤电机组比例接近 100%；已投运火电厂烟气脱硝机组容量约 9.6 亿 kW，占全国火电机组容量的 87.3%；超低排放机组在全国燃煤机组中的占比超过 70%，发电量占比约为 75%。可以说，中国建立了世界上最大的电力行业清洁体。环保电价政策也推动清洁能源和非化石能源的发展。从发电量来看，我国煤电占比已经下降至 57.9%。

（4）销售价格政策。电力销售价格按照用户、地区和行业有所不同，从分类销售电价看，一般工商业及其他用电平均电价最高，居民生活用电平均电价最低。自 2018 年 3 月以来，国家发改委先后于 4 月、5 月和 7 月发布了 3 份降电价文件，分阶段推进降低一般工商业电价的目标。2018 年 3 月 28 日，国家发改委发布了特急《关于降低一般工商业电价有关事项的通知》，分两批实施降价措施，第一批降价措施全部用于降低一般工商业电价，自 2018 年 4 月 1 日起执行，涉及降价金额 432 亿元；2018 年 5 月 15 日，国家发改委发布《国家发改委关于电力行业增值税税率调整相应降低一般工商业电价的通知》，电力行业增值税税率由 17% 调整到 16% 后所腾出的电价空间，全部用于降低一般工商业电价，预计可降低一般工商业电价

0.021 6 元/kW·h，涉及降价金额约 216 亿元，于 5 月 1 日起执行；7 月 25 日，国家发改委发布《关于利用扩大跨省区电力交易规模等措施降低一般工商业电价有关事项的通知》，将扩大跨省区电力交易规模、国家重大水利工程建设基金征收标准降低 25%、督促自备电厂承担政策性交叉补贴等电价空间，全部用于降低一般工商业电价，规定自 2018 年 7 月 1 日起执，涉及降价金额 173 亿元。此外，国务院也在《关于开展 2018 年国务院大督查的通知》中提到，要将降低电网环节收费和输配电价格，一般工商业电价平均降低 10%情况成督查重点。

表 3-3　全国各省份（地区）电网现行销售电价汇总[①]（执行时间为 2018 年 5 月 1 日）

单位：元/kW·h

电价分类	电压等级	全国平均电价	最高	最低
一般工商业用电	不满 1 kV	0.740 8	0.859 7（北京）	0.537 4（青海）
	1～10 kV	0.723 3	0.844 7（北京）	0.532 4（青海）
	10～35 kV	0.703 7	0.829 7（北京）	0.526 3（蒙西）
大工业用电	不满 10 kV	0.575 2	0.679（天津）	0.367 2（青海）
	10～35 kV	0.556 4	0.658 5（天津）	0.357 2（青海）
	35～110 kV	0.537 9	0.648 5（天津）	0.347 2（青海）
	110～220 kV	0.526 1	0.643 5（天津）	0.347 2（青海）
居民生活用电		0.513 5	0.617（上海）	0.377 1（青海）

电力销售价格采取动态调整的机制。工业用电价格高于居民生活电价，对农业和农业生产资料生产试行低电价和补贴政策。自 2012 年全国试行居民阶梯电价以来，该政策已实施 6 年，2017 年 9 月，国家发改委印发《关于北方地区清洁供暖价格政策的意见》，强调优化居民用电阶梯价格政策，合理确定居民采暖用电量，

---

① 数据来源：中国电力知库。

要求完善"煤改电"电价政策。截至目前，地方政府层面，北京、天津、山东、河北、河南、陕西、山西、甘肃、宁夏、青海、新疆、内蒙古、黑龙江、吉林、辽宁15 个省份，分别出台"煤改电"采暖用电价格的文件通知，采取阶梯价格，鼓励叠加峰谷电价等措施，切实降低居民"煤改电"用电成本。

为了推动产业升级，促进节能减排，逐步取消了对高耗能行业的优惠政策，对高耗能行业、产能严重过剩行业实施差别、惩罚性和阶梯电价。2016 年实施水泥行业阶梯电价政策[①]，运用价格手段促进水泥行业产业结构调整，水泥企业用电阶梯电价加价标准 0～0.25 元/kW·h。2017 年 1 月 1 日起，钢铁企业用电实行阶梯电价[②]，根据《粗钢生产主要工序单位产品能源消耗限额》（GB 21256—2013）实施时段执行不同加价标准，0～0.1 元/kW·h。差别电价和惩罚性电价对节能减排、淘汰落后产能起到了一定的促进作用。2018 年 6 月，国家发改委发布《关于创新和完善促进绿色发展价格机制的意见》（发改价格规〔2018〕943 号），明确指出高耗能行业将实行更严的差别化电价政策，全面清理取消对高耗能行业的优待类电价以及其他各种不合理价格优惠政策。严格落实铁合金、电石、烧碱、水泥、钢铁、黄磷、锌冶炼 7 个行业的差别电价政策，对淘汰类和限制类企业用电（含市场化交易电量）实行更高价格。

3.2.2.3 煤电价格联动机制

煤电价格联动机制是 2004 年提出的，经历数次修改，2015 年完善后的最新一版规定。2015 年 5 月 8 日，国务院批转《国家发改委关于 2015 年深化经济体制改革重点工作意见的通知》（国发〔2015〕26 号），提出"扩大输配电价改革试点，完善煤电价格联动机制"。2015 年 12 月 31 日，国家发改委印发《关于完善煤电价格联动机制有关事项的通知》（发改价格〔2015〕3169 号），决定从 2016 年 1 月1 日起，实行煤电价格联动，燃煤机组标杆上网电价与煤价联动、销售电价与燃煤机组标杆上网电价联动。通知规定以 2014 年为基准年，以年度为周期，依据向社会公布的中国电煤价格指数和上一年度煤电企业供电标准煤耗，测算煤电标杆上网电价。年度周期内电煤价格与基准煤价相比，波动 30 元/t 时触发测算公式。当煤价波动不超过 30 元/t 时，成本变化由发电企业自行消纳，不启动联动机制；煤价波动超过 150 元/t 的部分不再联动。

---

① 国家发改委会同工信部发布《关于水泥企业用电实行阶梯电价政策有关问题的通知》。
② 《关于运用价格手段促进钢铁行业供给侧结构性改革有关事项的通知》（发改价格〔2016〕2803 号）。

专栏 3-1 煤电价格联动公式

燃煤机组标杆上网电价与煤价联动计算公式为

$$P_\Delta = C_\Delta \div 5\,000 \times 7\,000 \times C_i \div 10\,000$$

式中：P_Δ —— 本期燃煤机组标杆上网电价调整水平，分/kW·h；

C_Δ —— 上期燃煤发电企业电煤（电煤热值为 5 000 kcal/kg）价格变动值，具体计算方法见下表，元/t；

C_i —— 上期供电标准煤耗（标准煤热值为 7 000 kcal/kg），以中国电力企业联合会向社会公布的各省燃煤发电企业上期平均供电标准煤耗为准，g/kW·h。

序号	上期平均煤价变动值 A/（元/t）	纳入联动的煤价计算公式
1	超过 30 元不超过 60 元（含）的	$C_\Delta=（A-30）\times 1$
2	超过 60 元不超过 100 元（含）的	$C_\Delta=30+（A-60）\times 0.9$
3	超过 100 元不超过 150 元（含）的	$C_\Delta=30+40\times 0.9+（A-100）\times 0.8$
4	超过 150 元的	$C_\Delta=30+40\times 0.9+50\times 0.8$

销售电价与燃煤机组标杆上网电价联动计算公式为

$$P = \frac{\left(M_a + M_b + M_c - M_d\right) \times P_\Delta + \sum_{i=1}^{n} M_i \times P_{\Delta i} + K}{M}$$

式中：P —— 本省销售电价调整总水平；

M_a —— 上期由省级及以上统调的燃煤机组上网电量；

M_b —— 上期以燃煤机组标杆上网电价为基础的可再生能源、燃气机组等其他电源上网电量；

M_c —— 上期本省外购按照本省燃煤机组标杆上网电价执行的电量；

M_d —— 上期本省外送按照本省燃煤机组标杆上网电价执行的电量；

M_i —— 上期本省外购按照外省燃煤机组标杆上网电价执行的电量；

P_Δ —— 本省燃煤机组标杆上网电价调整水平；

$P_{\Delta i}$ —— 外购电量来源省燃煤机组标杆上网电价调整水平；

M —— 上期省级电网销售电量；

K —— 统一电价政策影响因子。由国家发改委根据跨省跨区交易电量价格协商情况、推进销售电价改革、推动节能环保、促进煤炭行业可持续发展以及有序疏导突出电价矛盾等需要统一明确。

截至目前，除去几次受环保或可再生资源税影响的电价调整之外，因触发煤电联动机制而调整电价有 4 次，分别在 2004 年 5 月、2005 年 6 月、2015 年 4 月以及 2016 年 1 月。

3.2.2.4 我国成品油价格政策

2009 年中国实施了成品油价格和税费改革，完善成品油价格形成机制，理顺成品油价格。成品油定价既要反映国际市场石油价格变化和企业生产成本，又要考虑国内市场供求关系；既要反映石油资源稀缺程度，促进资源节约和环境保护，又要兼顾社会各方面的承受能力。

汽油、柴油价格继续实行政府定价和政府指导价。①汽油、柴油零售实行最高零售价格，最高零售价格由出厂价格和流通环节差价构成，适当缩小出厂到零售之间流通环节差价；②汽油、柴油批发实行最高批发价格；③对符合资质的民营批发企业汽、柴油供应价格，合理核定其批发价格与零售价格价差；④供军队、新疆生产建设兵团和国家储备用汽、柴油供应价格，按国家核定的出厂价格执行；⑤合理核定供铁路、交通等专项部门用汽油、柴油供应价格；⑥上述差价由国家发改委根据实际情况适时调整。

明确了国内成品油价格与国际市场接轨的方式，即当国际市场原油连续 22 个工作日移动平均价格变化超过 4%时，可相应调整国内成品油价格，以使成品油价格能够更真实、更灵敏地反映市场供求关系，促进资源合理利用与公平竞争。

3.3 存在的问题

在推进环境资源价格改革的过程中还存在一些问题：①价格倒逼和激励政策力度还不够大。无论是补贴等价格激励机制，还是价格倒逼机制，总体来看水平和标准还比较低，还不能完全反映市场供求、生态环境损害和修复成本。②政策执行力度需要进一步加大。由于各地发展阶段等实际情况差异，全国各地环境价格标准有高有低，有的地方出于自身经济发展考虑，还存在政策执行不到位的情况。③一些领域环境价格机制还有待完善。水价、能源价格等领域虽然出台了一系列改革措施，但是距离建成完善的体现资源的稀缺性和环境外部成本的绿色价格体系还存在一定差距。

3.3.1 水价政策存在的问题

水资源是基础自然资源，是生态环境的控制性因素之一；同时又是战略性经济资源，是一个国家综合国力的有机组成部分。我国是一个水资源短缺的国家，同时又面临着严重的水环境污染问题。近年来，国家有关部门在党中央、国务院的领导下深入推进水价改革，取得显著成就。城市用水效率明显提高，城市节约用水取得实效。城市供水、污水处理能力提高，服务功能增强。城市供水、污水处理行业引入市场机制，投资、运营主体呈现多元化，推动我国城市供水、污水处理水平不断提高。但总体来看，现行水价改革的成效主要体现在促进水资源的可持续利用方面，在促进水污染防治和水环境保护方面还存在以下问题。

3.3.1.1 城市水价机制和水价结构尚不完善，还不适应充分发挥价格杠杆对水资源配置基础作用的需要

尽管实施居民用水阶梯价格、非居民用水超计划、超定额累进加价等制度，但水价的综合水平偏低，尚不能起到既可使用户不感到负担过重，又可以调节用水量的作用。现有水价形成机制中还没有充分体现水资源的环境成本，主要考虑水资源的稀缺性。城市供水管网覆盖范围内自备水井水资源费与城市供水价格比价关系不合理，既造成了这部分水资源的无序利用，同时也影响了现有公共供水设施利用效率的提高。

3.3.1.2 污水处理收费制度仍需深入推进

（1）部分城市的污水处理费难以满足更高标准的需求。目前，我国处于污水处理标准从一级 B 提升至一级 A 标准的进程中，同时污泥无害化处理水平整体仍较低。随着环保治理力度不断加大，"提标改造"和"污泥处理处置"的持续推进使得污水处理运行成本不断提高。2019 年 1 月的居民污水处理费与 2015 年污水处理成本比较，36 个大中城市中仍有 11 个城市存在成本倒挂现象（图 3-4），还未将不同污泥处理处置成本（0.08～0.28 元/t）涵盖在内。随着环保标准的提高，多数城市的污水处理费难以满足更高标准的需求，很难满足企业的可持续发展。

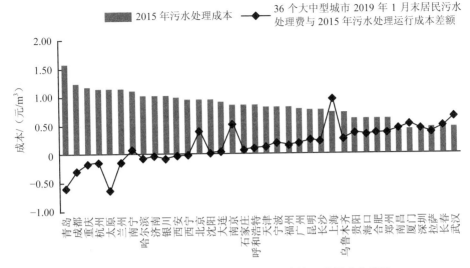

图 3-4　全国部分城市污水处理费与污水处理运行成本差额

数据来源：Wind，中证鹏元。

表 3-4　不同污泥处理处置成本

处理方法	建设投资/（万元/t）	经营成本/（元/t）	总成本/（元/t）	折合到污水处理费/（元/t）
好氧发酵	25～30	60～100	120～150	0.09
石灰干化	10～12	130～150	180～200	0.13
热干化	45～50	180～200	330～400	0.26
焚烧	40～70	160～280	330～470	0.28
填埋	20～35	70～80	100～120	0.08

数据来源：前瞻产业研究院，中证鹏元。污泥处置总成本折合到污水处理费中按每万吨水产生 7 t 污泥计算。

（2）污水处理收费价格机制有待调整。现有的污水处理价格机制使地方财政污水处理支出压力与污水处理企业经营效益之间的矛盾不断加深。在污水处理费标准不变的情况下，若污水处理服务单价不及时调整，会打击污水处理企业积极性，导致政策落地困难，污水处理"市场化"进程受阻；反之，则会使地方财政污水处理支出压力不断加大，污水处理财政收支缺口持续扩大。

（3）污水处理收费政策仍有待完善。按照现行污水处理收费政策，同一地区不同企业排放的污水中污染物的浓度不同，但是执行的是同样的收费政策、收费标准。这样既不利于促进企业在排污前进行污水预处理也不利于公平竞争，需要进一步完善污水处理收费政策。

（4）污泥处理处置价格机制不清晰。我国污泥费用机制不健全，一些先行试点地区将污水处理费用中的部分用于污泥处理，但标准较低；大部分省市对污泥处置的费用尚无规定。

3.3.1.3 城市供水价格改革还需推进，尚缺乏对污水处理企业成本约束和提高生产效率的激励机制

虽然城市供水价格改革已经取得显著成效，但多数污水处理企业的收益水平还不能适应自我发展的需要，供水管网老化、漏损等问题尚未得到根本解决。由于体制机制原因，导致许多城市污水处理企业政企不分、职责不清，对提高污水处理质量和效率以及创造利润的动力不足。另外，社会资金投入污水处理的积极性还不是很强。

3.3.1.4 农业水价没有完全反映资源稀缺程度、环境成本

农业是用水大户，也是节水潜力所在。长期以来，我国农田水利基础设施薄弱，运行维护经费不足，农业用水管理不到位，农业水价形成机制不健全，价格水平总体偏低，不能有效反映水资源稀缺程度和生态环境成本，价格杠杆对促进节水的作用未得到有效发挥，不仅造成农业用水方式粗放，而且难以保障农田水利工程良性运行，不利于水资源可持续利用和农业可持续发展。

3.3.1.5 再生水价格

再生水利用的优惠、扶持政策，对鼓励再生水使用、降低再生水生产和使用成本，从再生水生产实行电价优惠、税收减免、财政补贴等方面提出了明确的政策导向，但实际操作中除了再生水免征水资源费和城市公用事业附加，再生水收入享受减计10%所得税优惠，其他优惠政策难以落实。对于培育期的再生水行业，其优惠扶持力度应显著大于自来水、污水，在实际运作中，自来水增值税执行3%的征收率，而再生水执行17%的高税率；污水处理实行70%即征即退，而再生水返50%，扶持力度相对较弱，也并未建立任何财政补贴机制。再生水行业发展缓慢，再生水利用率未见显著提高。[①]

---

① 阎敬. 从水价、成本、税费谈再生水行业的鼓励与扶持[J]. 纳税，2018（3）.

3.3.2 能源价格政策存在的问题

煤炭完全市场化外，在电力、成品油和天然气以及可再生能源等领域仍然为政府定价或指导价。

3.3.2.1 终端的能源产成品价格还处于价格管制状态

虽然我国的煤炭价格已经完全由市场决定，原油、天然气也逐步实现与国际价格接轨，但是政府对终端的能源产品如电力、成品油仍掌握着定价权。成品油价格仍然以政府定价或政府指导价为基础，航空煤油仍然实行政府定价，而汽油、柴油等成品油仍实行"政府指导价"。而电力价格整体上处于政府管制之下，省级电网及跨区域电网内的各环节电价均由国家价格主管部门审批。

3.3.2.2 现有的能源价格机制不能体现能源的稀缺性特点

由于对成品油、电力采取指导价的方式进行管制，没有很好地体现资源的稀缺性和环境外部成本，造成了价格倒挂的现象，由此引发了公众对能源的需求增加，不利于节能减排，造成资源利用率低下，不利于经济的可持续发展。

3.3.2.3 差别电价和惩罚性电价政策未得到全面落实

在一些地方有差别化电价政策的成功经验，但还没有全国推广，差别电价执行力度不够。由于多数省份执行差别电价政策未及时实行动态管理，导致实际执行差别电价的范围偏小，在一定程度上影响了政策执行成效。另外，对于惩罚性电价政策，各地政府重视程度不一致，尚有部分省份未出台惩罚性电价实施办法。已出台惩罚性电价实施办法的省份，由于不同的认识以及与差别电价在执行范围上存在一定冲突等，致使惩罚性电价政策执行参差不齐，未能全面贯彻落实。

3.3.2.4 环保综合电价存在的问题

超低排放环保电价政策实施以来，存在超低排放监测技术规范缺失、监测设备技术性能稳定性有待提高，以及监测设备正常运转保证率有待加强等问题，也是今后加强电厂超低排放监管的重点和难点。此外，环保电价尽管对电力行业进一步减排具有重要贡献，但从与非电行业比较看，电力行业超低排放减排成本相对较高。与其他行业相比，超低排放减排不再具备成本优势，钢铁行业除尘和水泥行业脱硝成本低于火电行业。

3.4 政策建议

3.4.1 进一步完善我国水价政策的建议

3.4.1.1 居民生活用水方面

（1）深入推行居民生活用水阶梯价格制度。深入贯彻落实国家要求，河北省设市城市在 2016 年年底前已全面实行阶梯水价制度。根据河北省水资源现状，凡实现抄表到户（含委托小区物业抄表）的居民家庭用水户，均实行阶梯水价。对未实现抄表到户的合表用户，按照户表改造的进度，分步实行阶梯水价。在阶梯水量基数方面，阶梯设置分三级，第一阶梯水量基数保障居民基本生活用水需求；第二阶梯水量基数体现改善和提高居民生活质量的合理用水需求；第三阶梯水量基数为超出第二阶梯水量的用水部分。在阶梯水价的级差方面，第一阶梯基本水价按照保本微利的原则制定，并在一定时期内保持相对稳定；第二阶梯水价按照补偿成本，合理盈利、促进节约的原则制定；第三阶梯水价按照充分体现水资源稀缺状况、有效抑制浪费的原则制定。一、二、三阶梯水价级差按 1∶1.5∶3 的比例安排。

（2）提高水资源费标准和收缴率。大幅提高城镇公共供水的水资源费标准，促进综合水价与外来水价格的平衡，将自备井水资源费标准提高到超过城市供水价格的水平，扩大城市供水企业利用地下水与利用地表水的水资源费价差幅度。加大地下水资源费征收力度，提高收缴率。在南水北调受水区城市公共供水管网覆盖范围内，全部关闭自备井；在地下水超采区，严禁新打机井；其他区域严格审批。

（3）按照国家要求调整居民污水处理收费标准。按照"污染付费、公平负担、补偿成本、合理盈利"的原则，综合考虑本地区水污染防治形势和经济社会承受能力等因素制定和调整污水处理收费标准。收费标准要补偿污水处理和污泥处置设施的运营成本并合理盈利。设市城市污水处理收费标准原则上应调整至不低于 0.95 元/t；县城、重点建制镇原则上应调整至居民不低于 0.85 元/t。已经达到最低收费标准但尚未补偿成本并合理盈利的，应当结合污染防治形势等进一步提高污水处理收费标准。未达到最低收费标准的市、县和重点建制镇应按照国家要求的最低标准将污水处理收费标准尽快调整到位。强化对自备井水污水处理费的征收，提高收缴率，保障污水处理设施正常运营，提高污水处理水平，最大限度地弥补常规水供水缺口，促进水的循环利用。

（4）建立政府向污水处理企业拨付的处理服务费用与污水处理效果挂钩调整机制。污水处理费的征收有利于提高污染治理效率，保护水环境。目前，污水处理费由排水单位和个人缴纳并全额上缴地方国库，专项用于城镇污水处理设施建设、运行和污泥处理处置，实行专款专用。政府再按照进行处理的污水总量，向污水集中处理企业拨付处理服务费用，保证污水集中处理设施的正常运行。但是，目前拨付的处理服务费用未与污水处理效果挂钩，仅依据污水处理数量，难以刺激污水集中处理企业进一步提高污水处理效果。建立政府向污水处理企业拨付的处理服务费用与污水处理效果挂钩调整机制，同时依据污水处理数量和效果，决定拨付污水处理服务费用的数额比例。处理后向自然水体排放的污水对环境影响越小的污水集中处理企业，政府向其拨付的处理服务费用越高；反之，处理后向自然水体排放的污水对环境影响越大的污水集中处理企业，政府向其拨付的处理服务费用越少。

（5）建立城镇污水处理费的动态调整机制。综合考虑绝大多数地区的实际情况，加快构建覆盖污水处理和污泥处置成本并合理盈利的价格机制。明确建立定期评估和动态调整机制，逐步实现城镇污水处理费覆盖服务费，从而形成能够支撑污水处理行业持续健康发展的价格形成机制，保障污水处理企业正常的运营和良性发展。

（6）健全城镇污水处理服务费市场化形成机制。建议各地通过招、投标等公开的市场竞争方式，以污水处理和污泥处置成本、污水总量等为主要参数，形成公开、透明、合理的污水处理服务费标准。建立污水处理服务费收支定期报告制度，污水处理企业于每年 3 月底前，向当地价格主管部门报告上年度污水处理服务费收支状况，为调整完善污水处理费标准提供参考。逐步提高水利工程供水价格。按照"补偿成本、合理收益、因地制宜、以工补农、优质优价、分类负担"的原则，将非农业供水价格调整到补偿成本费用、合理盈利的水平，实现社会效益和经济效益的统一。

3.4.1.2 非居民生活用水方面

（1）逐步提高水利工程供水价格。按照"补偿成本、合理收益、因地制宜、以工补农、优质优价、分类负担"的原则，将非农业供水价格调整到补偿成本费用、合理盈利的水平，实现社会效益和经济效益的统一。

（2）继续执行非居民生活用水超定额累进加价制度。针对部分地区存在的工商同水不同价问题，要大力推进商业用水（经营服务用水）与工业用水同价。对非居民生活用水超定额小于 20%（含 20%）的水量，按政府规定水价的 1.5 倍征收；对超定额 20%～40%（含 40%）的水量，按政府规定水价的两倍征收；对超定额 40%以上的水量按政府规定水价的 3 倍征收。

（3）按照国家要求调整非居民污水处理收费标准。按照"污染付费、公平负担、补偿成本、合理盈利"的原则，综合考虑本地区水污染防治形势和经济社会承受能力等因素制定和调整污水处理收费标准。收费标准要补偿污水处理和污泥处置设施的运营成本并合理盈利。设市城市污水处理收费标准原则上应调整至不低于 1.4 元/t；县城、重点建制镇原则上应调整至非居民不低于 1.2 元/t。已经达到最低收费标准但尚未补偿成本并合理盈利的，应当结合污染防治形势等进一步提高污水处理收费标准。

（4）建立与污水处理标准相协调的差别化收费机制。污水处理排放标准已经提高到国家一级 A 标准，或者有些地方实行了更严格的地方标准，建议这些地区相应提高污水处理费标准。建议地方根据企业排放污水中主要污染物种类、浓度等，分类分档制定差别化收费标准，有条件的地区可探索多种污染物差别化收费政策，实行高污染、高收费，低污染、低收费，促进企业能够进行预处理，从源头上减少污染物排放。

（5）加大工业用水差别水价的实施力度。扩大差别水价加价行业范围，由现行的高耗能行业扩大到所有行业的淘汰类和限制类生产设备用水。允许各地结合实际情况，对淘汰类、限制类设备用水，适当提高加价标准。各地价格主管部门要建立执行差别水价企业的纳入和退出机制，完善相关统计台账制度。

（6）提高水资源费标准和收缴率。大幅提高工商业用水的水资源费标准，促进综合水价与外来水价格的平衡，将自备井水资源费标准提高到超过城市供水价格的水平，扩大城市供水企业利用地下水与利用地表水的水资源费价差幅度。加大地下水资源费征收力度，提高收缴率。在南水北调受水区城市公共供水管网覆盖范围内，全部关闭自备井；在地下水超采区，严禁新打机井；其他区域严格审批。

3.4.1.3 特种用水方面

按城市非居民水价的 5～10 倍制定特种行业用水价格。特种行业用水要包括纯净水、酿酒等以水为原料的制造业生产企业用水，桑拿、洗浴（大众桑拿、洗浴除外）、洗车用水，歌舞厅、保龄球等娱乐场所用水，按照城市非居民生活用水价格的 5～10 倍制定特种行业用水价格。

3.4.1.4 农业用水方面

（1）加快农业用水价格机制建设。进一步健全反映资源稀缺程度、市场供求状况、环境成本的水资源价格形成机制，规范和加强水资源价格管理，做好改革顶层设计，强化地方主体责任，持续发力、有计划、分步骤地扎实推进。

（2）完善资金支持保障，建立科学管理体系。进一步完善农业水利技术、资金等方面投入的优惠政策，逐步加大财政资金投入，建立更加完善的农田水利基础设施。建立节水灌溉专项资金，从各级资金中提取节水灌溉专项资金，作为农田灌溉工程的建设费用。

3.4.1.5 再生水方面

（1）加快水价改革。制定合理的地表水、地下水、自来水、再生水、污水处理费之间的比价关系，拉大再生水与地表水、地下水以及自来水之间的价格差。当再生水水价低于地表水、地下水价格一定幅度，低于自来水水价较大幅度，再生水具有经济上的优越性时，水价的价格杠杆作用才能发挥，才能引导合理的用水消费，促进再生水的推广应用。依靠价格手段推动再生水利用市场的形成，扩大再生水利用的市场需求，进而促进再生水利用的产业化发展，达到节约用水的目的。合理确定再生水价格与自来水价格的比价关系，建立鼓励使用再生水替代自然水源和自来水的价格机制。

（2）分类制定再生水定价。对于城市再生水集中处理厂，按照城市环境的要求和水资源可持续利用的要求，有一部分再生水处理后需要排放到水体或作为河湖生态补水，产生社会效益和环境效益，而不能从用户中取得收益。因此，政府必须承担处理这部分再生水的费用。

（3）完善相关配套措施。建立合理水价体系需要综合考虑政治、社会、经济、心理等多种因素，需要一定的过渡时间，分步调整。在科学水价体系没有完全建立之前，再生水价格不能完全按照市场化原则制定，此阶段政府可以通过补贴、专项资金、优惠政策等措施对再生水企业和单位进行扶持。

3.4.2 进一步完善我国能源价格政策建议

能源价格改革基本思路是逐步取消政府干预，发挥市场在资源配置中决定性的作用。能源价格形成充分考虑资源稀缺程度、市场供求关系、环境补偿成本、代际公平可持续等因素。

3.4.2.1　根据中国的国情改革能源价格机制

到目前为止，能源价格改革很大程度上只停留在能源价格的国际接轨。但事实上，如果考虑中国的资源禀赋，该措施未必有效，中国人口基数大，人均资源量远低于国际平均水平，所以基本上任何一种资源都可能存在潜在的短缺，如果只反映能源的稀缺性和环境成本，中国的能源价格还有可能高于国际水平，使能源资源有效流入。还有一个问题就是能源价格机制要体现社会的公平性，特别是在中国这样的现阶段发展不平衡的国家，简单的价格接轨所带来的价格上升，不同群体的承受能力是不同的，所以针对性强、透明有效的消费补贴对于解决这个问题显得尤为重要。

3.4.2.2　建立和完善石油税费调节机制，合理分担油价风险

政府应该通过税收杠杆实现企业外部成本内部化；舒缓上游涨价对中、下游企业和居民的冲击；以及在中国税赋已高居世界各国与地区前列的情势下，将所得资源税高效、公平地还给居民。因此建立与完善石油税费调节制度，将有利于我国石油企业市场化改革，有效配置资源和实现油价风险在国家、企业和个人之间合理分担。

3.4.2.3　扩大差别电价和阶梯电价政策覆盖面

完善高耗能、高污染、产能严重过剩（以下简称"两高一剩"）等行业差别（阶梯）电价政策，鼓励各地结合实际扩大政策实施覆盖面，地方在落实现有政策的基础上，根据自身的需要，可以扩大差别电价和阶梯电价的行业范围，因为各地的产业结构不一样，因此可以自己选择污染影响大、减排压力大的行业实行这样的政策。对"两高一剩"等行业实行更严格的差别化电价政策，可以提高加价标准，让其付出更高的成本，对绿色环保的企业降价，这样电价的一升一降就形成了激励和约束机制。

3.4.2.4　完善环保电价政策

清洁煤炭发展战略以及煤炭质量管理办法实施，煤炭质量在逐步提高，燃煤电厂单位减排成本也将下降；大气污染治理设备国产化率的提高，设备投资逐步下降。综合考虑燃煤电厂的污染减排成本，鼓励企业技术创新，调整目前环保电价，适当降低总水平，并考虑向二氧化碳税改革。

第 *4* 章

有利于环境保护的税收机制

本章主要阐述了我国与环境相关的税收政策及其实施情况，分析现行政策存在的问题，提出完善环境税收政策建议。

4.1　原理分析

环境税的理论最先由英国经济学家阿瑟·庇古提出，在 20 世纪末国际财税学界兴起。《国际税收辞汇》中"环境税收"的定义是：绿色税收又称环境税收，指对投资于防治污染或环境保护的纳税人给予的税收减免，或对污染行业和污染物的使用所征收的税。其目标在于考虑经济活动中的环境代价，减少经济增长过程中的环境成本，也是将环境保护成本纳入自然资源生产、贸易、分配和消费过程的一种工具。[①]一般而言，环境税有广义和狭义之分。环境税的内涵可界定为：国家为实现特定环境保护目标，采用税收手段调控经济行为主体的各种税收总称。广义的环境税既包括以环境保护为基本目标的环境税收，即独立型环境税，也包括那些政策目标虽非环境保护但是起到环境保护目的的税收，还包括具有环保功能的税式支出政策。环境税内涵是一个动态的概念，随着环境保护工作的需要，环境税收的调控范围也将发生转变。

---

① 杨朝飞. 探索与创新：杨朝飞环境文集[M]. 北京：中国环境出版社，2013.

环境税的理论基础是环境税政策设计和实施过程中需要遵循的基本理论。环境税的理论基础源于税收理论以及环境科学理论，是两种学科理论交叉、综合而新形成的新型理论。该理论旨在利用税收政策工具解决环境资源问题，促进环境资源的可持续利用。具体而言，指运用税收政策工具解决环境资源的公共物品属性、环境问题的外部性、环境资源配置市场失灵以及环境资源的可持续利用等的一套基本理论。主要有公共物品理论、市场失灵理论、外部性理论和可持续发展理论等，环境税收的开征依据和政策设计是以这些理论为基础的。

环境税的功能指环境税作为政策工具发挥的作用，一般来讲，环境税具有实现补偿环境外部损失、激励环境友好行为、筹集环境保护资金和提高资源配置效率等功能。由于环境税实施会涉及一系列利益相关方利益的调整，如何达到一种各利益相关方认可的均衡状态是环境税设计需要重点解决的问题。用博弈论分析环境税中各个参与方的利益格局及其博弈过程，对于设计合理、高效的环境税收政策具有重要的现实意义。

我国目前正在积极推进环境税费改革，在改革思路上，应该将环境税放在税制结构优化调整这一大格局下来综合考虑。环境税的设计不仅要实现既定的环境政策目标，也要从优化税制结构出发，增进整体税制结构的合理性，提高税制的效率，同时也要考虑如何能够带来绿色就业等其他方面的红利。

4.2 应用现状

环境保护税成为我国首个以环境保护命名的税种，消费税、资源税以及车船税和车辆购置税与环境相关，税收规模占税收总收入的比例在6%左右。

4.2.1 环境保护税替代排污费

2016年12月25日第十二届人大常委会第二十五次会议审议通过《环境保护税法》，2018年1月1日起施行。标志着实施近40年的排污收费制度终止。从收排污费到征收环境保护税，不仅是征收名称的改变，更是国家治理在环境保护领域的一次举措迭代：顺应公众日益觉醒和增长的环境权益意识，以督察的方式推动地方环境执法刚性运转，以环境保护税整体回应国家生态治理的制度化需求。环境保护税的施行，意在提高执法的基本刚性，"减少地方政府干预，内化环境成本"。尤其重要的是，环境保护税征收有助于让环境执法回到纯粹的环境考量，"多排多缴，少排少缴"，按排放量征收，尽可能避免地方政府以经济、税收名义回避环境治理责任，客观上也有助于激活企业的节能减排动力，提升环保水平、减少污染。

环境保护税的改革思路基本上以排污费改税为主线。根据环境保护税法的规定，环境保护税在征税对象、税额标准、计税依据方面与现行排污费具有较高的一致性，但又不完全相同，在进行税负平移的同时尽量弥补排污费本身的设计缺陷。征税对象分为大气污染物、水污染物、固体废物和噪声 4 类，其中水和大气的应税污染物当量值继续沿用排污费里规定的当量值。环境保护税计税依据将按照自动监测数据、手工监测数据、排污系数和物料衡算，以及抽样测算的方法和顺序来计算。

环境保护税法将大气污染物和水污染物的税额标准设置了 10 倍的区间范围，即每当量最低 1.2 元和 1.4 元，最高不超过每当量 12 元和 14 元。固体废物按不同种类，税额为每吨 5～1 000 元。噪声按超标分贝数，税额为每月 350～11 200 元，每 3 dB 一档。同时，为了建立约束与激励并存机制，环境保护税也设置了差别收费政策，规定浓度值低于国家或地方排放标准 30% 和 50% 的，分别按 75% 和 50% 征收环境保护税。目前有多个省份公布了税额标准，大多数省份与排污费征收标准持平，一些地方提高了标准。

与现行排污费制度相衔接，税法规定每一排放口前 3 项污染物征收环境保护税。不同的是，排污费将水污染物区分为重金属和其他污染物，环境保护税不再单独区分出重金属，而是区分第一类污染物和第二类污染物，对第一类水污染物按照前 5 项征收环境保护税，对其他类水污染物按照前 3 项征收环境保护税。

环境保护税征管模式为企业申报、税务征收、环保协作。由于环境保护税计税依据的特殊性和专业性，虽然环保主管部门不是征税主体，但环境保护税法规定环保部门应共享环境数据信息，制定排污系数、物料衡算方法和抽样测算方法，以及必要时对纳税人的申报资料进行复核。

与排污费相比，《环境保护税法》赋予省级政府调整税额标准的权利，同时设置了税额幅度，税法第六条第二款规定："应税大气污染物和水污染物的具体适用税额的确定和调整，由省、自治区、直辖市人民政府统筹考虑本地区环境承载能力、污染物排放现状和经济社会生态发展目标要求，在本法所附《环境保护税税目税额表》规定的税额幅度内提出，报同级人民代表大会常务委员会决定，并报全国人民代表大会常务委员会和国务院备案。"第九条第三款规定："省、自治区、直辖市人民政府根据本地区污染物减排的特殊需要，可以增加同一排放口征收环境保护税的应税污染物项目数，报同级人民代表大会常务委员会决定，并报全国人民代表大会常务委员会和国务院备案。"抽样测算方法核定计算污染物排放量由市级提升到省级，第十条"（四）不能按照本条第一项至第三项规定的方法计算的，按照省、自治区、直辖市人民政府环境保护主管部门规定的抽样测算的方法核定计算"。

各省份人大审议通过应税大气污染物和水污染物环境保护税适用税额（表4-1）。其中北京市按上限确定税额标准，内蒙古、辽宁、吉林、黑龙江、安徽、江西、西藏、陕西、甘肃、青海、宁夏、新疆按下限确定税额标准，上海和云南分阶段设置了不同的税额标准；河北和江苏分区域设置了不同的税额标准。

表 4-1　各省份水污染物和大气污染物环境保护税适用税额

序号	省份	大气污染物/（元/污染当量）	水污染物/（元/污染当量）	大概税负变化
1	北京	12	14	提标
2	天津	氮氧化物 8；二氧化硫、烟尘、一般性粉尘 6；其他 1.2	COD、氨氮 7.5；其他 1.4	平移
3	河北	按区域分档 一档：主要污染物 9.6；其他污染物 4.8 二档：主要污染物 6；次要污染物 4.8 三档：4.8	按区域分档 一档：主要污染物 11.2；其他污染物 5.6 二档：主要污染物 7；其他污染物 5.6 三档：5.6	提标
4	山西	1.8	2.1	提标
5	内蒙古	1.2	1.4	平移
6	辽宁	1.2；2020 年再研究确定	1.4；2020 年再研究确定	平移
7	吉林	1.2	1.4	平移
8	黑龙江	1.2	1.4	平移
9	上海	2018 年：二氧化硫 6.65；氮氧化物 7.6；其他 1.2 2019 年：二氧化硫 7.6；氮氧化物 8.55；其他 1.2	COD 5；氨氮 4.8；其他 1.4	平移
10	江苏	南京市 8.4； 无锡市、常州市、苏州市、镇江市 6； 其他市 4.8	南京 8.4； 无锡市、常州市、苏州市、镇江市 7； 其他市 5.6	提标

序号	省份	大气污染物/（元/污染当量）	水污染物/（元/污染当量）	大概税负变化
11	浙江	1.2；四项重金属污染物 1.8	1.4；五项重金属污染物 1.8	平移
12	安徽	1.2	1.4	平移
13	福建	1.2	五项重金属、COD、氨氧 1.5；其他 1.4	平移
14	江西	1.2	1.4	平移
15	山东	二氧化硫、氮氧化物 6；其他 1.2	COD、氨氮和五项重金属 3；其他 1.4	提标
16	河南	4.8	5.6	提标
17	湖北	二氧化硫、氮氧化物 2.4；其他 1.2	COD、氨氮、总磷和五项重金属 2.8；其他 1.4	平移
18	湖南	2.4	3	提标
19	广东	1.8	2.8	平移
20	广西	1.8	2.8	提标
21	海南	2.4	2.8	提标
22	重庆	3.5	3	提标
23	四川	3.9	2.8	提标
24	贵州	2.4	2.8	提标
25	云南	2018 年 1.2；2019 年起 2.8	2018 年 1.4；2019 年起 3.5	平移
26	西藏	1.2	1.4	平移
27	陕西	1.2	1.4	平移
28	甘肃	1.2	1.4	平移
29	青海	1.2	1.4	平移
30	宁夏	1.2	1.4	平移
31	新疆	1.2	1.4	平移

注：河北一档：固安、大厂、香河、廊坊市广阳区和安次区等 13 个县（市、区），以及雄安新区及相邻的 12 个县（市、区）；二档：石家庄、保定、廊坊和定州、辛集市（不含执行一档税额的区域）；三档：唐山、秦皇岛、沧州、张家口、承德、衡水、邢台、邯郸（不含执行一档、二档税额的区域）。

2019 年 1 月财政部发布的《2018 年财政收支情况》显示，2018 年环境保护税收入共计 151 亿元。由于环境保护税是第一年开征，而且是按季征收，因此这一数据实际上仅为 2018 年前三季度的征收额。2019 年 3 月财政部发布《2019 年 1—2 月财政收支情况》显示该月份环境保护税收入 56 亿元，这个数据其实是 2018 年第四季度的征收额，两者相加 2018 年环境保护税收入实际为 207 亿元，与近几年排污费同口径征收额相比略有小幅增长。

由于缺乏 2018 年全面的细项数据，根据国家税务总局公布的 2018 年前三季度数据分析，全国共有 76.4 万户次纳税人顺利完成税款申报，累计申报税额 218.4 亿元，其中减免税额达 68.6 亿元，实际征收税款 149.8 亿元，减免幅度达 1/3，是我国减免税占比最大的税种，享受达标排放免税优惠的城乡污水处理厂、垃圾处理场累计免税 27.3 亿元，占减免税总额的 40%，体现了环境保护税对于污染集中处理、鼓励达标排放的环境保护税 "多排多征、少排少征，高危多征、低危少征，不排不征" 正向激励机制作用的初步发挥，改革效益已经显现。

从应税污染物类型来看，对大气污染物征税 135 亿元，占比 89.8%，其中二氧化硫、氮氧化物、一般性粉尘合计占大气污染物应纳税额的 85.7%；对水污染物征税 10.6 亿元，占比 7.2%；对固体废物和噪声征税 4.7 亿元，占比 3.0%。各类应税污染物比重与排污费收入结构大致保持一致。江苏、河北、山东、山西、河南、内蒙古等省份征收额位于全国前列。

从征收管理来看，"企业申报、税务征收、环保协作、信息共享" 的征管模式基本运行良好。由于环境保护税不仅涉及财会知识，还涉及较为复杂的环境知识，原先排污费由环保部门核定征收，环境保护税改由企业自己计算申报缴纳，税务部门征收。为了使环境保护税顺利实施，税务机关和环保部门对税务机关相关人员以及纳税人进行了多种形式的环境保护税培训和辅导，一些行业组织也开展的相关培训工作。此外，由于《环境保护税法》和《环境保护税法实施条例》的规定还不够详细，一些具体问题仍需进一步明确，国家和地方依照各自权限和职责陆续出台了多项配套制度和政策，初步构建了环境保护税的法规政策体系，明确了环境保护税征收亟待解决的一些问题。但是仍然存在一些问题，如复核细则仍不明确造成各地复核工作的开展存在较大障碍，涉税信息共享平台建设仍显滞后，抽样测算方法仍待完善等。

4.2.2 消费税绿色化改革状况

消费税是 1994 年 1 月 1 日开征，主要是为了调节产品结构，引导消费方向，保证国家财政收入。当时设定了包括汽油、柴油、小汽车等在内的 11 个税目。2006 年 4 月 1 日，国家对消费税进行一次较大范围的调整，消费税税目由原来的 11 个调整为 14 个，逐步考虑对环境资源类产品征收消费税。消费税中新增了木制一次性筷子、实木地板；将汽油和柴油税目合并为成品油税目；对小汽车、摩托车、汽车轮胎等部分税目税率也进行了一定程度的调整。2008 年成品油价格和税费改革对成品油进行较大调整，取消公路养路费、航道养护费、公路运输管理费、公路客货运附加费、水路运输管理费、水运客货运附加费 6 项收费，提高成品油的消费税税额，逐步有序取消已审批的政府还贷二级公路收费。目前消费税有 15 税目，其中与环境相关的税目 7 个，现行消费税中与环境的税目税率见表 4-2。

表 4-2　消费税中与环境相关的税目税率

税目			税率
成品油	汽油		1.52 元/L
	柴油		1.2 元/L
	航空煤油		1.2 元/L
	石脑油		1.52 元/L
	溶剂油		1.52 元/L
	润滑油		1.52 元/L
	燃料油		1.2 元/L
摩托车	汽缸容量（排气量）在 250 ml		3%
	汽缸容量在 250 ml 以上的		10%
小汽车	乘用车汽缸容量（排气量）	1.0 L（含 1.0 L）以下的	1%
		1.0 L 以上至 1.5 L（含 1.5 L）	3%
		1.5 L 以上至 2.0 L（含 2.0 L）	5%
		2.0 L 以上至 2.5 L（含 2.5 L）	9%
		2.5 L 以上至 3.0 L（含 3.0 L）	12%
		3.0 L 以上至 4.0 L（含 4.0 L）	25%
		4.0 L 以上的	40%
	中轻型商用客车		5%
木制一次性筷子			5%
实木地板			5%
电池[1]			4%
涂料[2]			4%

注：1）对无汞原电池、金属氢化物镍蓄电池（又称"氢镍蓄电池"或"镍氢蓄电池"）、锂原电池、锂离子蓄电池、太阳能电池、燃料电池和全钒液流电池免征消费税。2015 年 12 月 31 日前对铅蓄电池缓征消费税。

2）对施工状态下挥发性有机物（Volatile Organic Compounds，VOC）含量低于 420 g/L（含）的涂料免征消费税。

4.2.2.1　成品油消费税政策

目前成品油税目包括汽油、柴油、航空煤油、石脑油、溶剂油、润滑油、燃料油子目。为了促进节能减排，经过多次调整单位税额大幅提升，税收收入也大幅增加，成为环境相关税收的主要来源，2015 年燃油消费税收入达 4 003 亿元，较 2014 年增长了 41.6%。

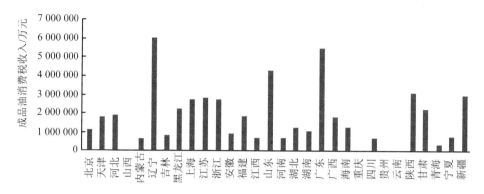

图 4-1　各省份成品油消费税收入情况

4.2.2.2　摩托车和小汽车征税

2006 年 4 月，政府对小汽车税目税率进行了调整，在小汽车税目下分设乘用车、中轻型商用客车子目。适用税率分别为：对乘用车，根据汽缸容量（排气量）大小设置 3%～20%不等的税率，汽缸容量越大，税率越高；对中、轻型商用客车，税率为 5%。为了配合国家节能减排工作的需要，在 2008 年 9 月 1 日又调整了汽车消费税政策。汽缸容量（排气量，下同）在 1.0 L 以下（含 1.0 L）的乘用车，税率由 3%下调至 1%；汽缸容量在 3.0 L 以上至 4.0 L（含 4.0 L）的乘用车，税率由 15%上调至 25%；汽缸容量在 4.0 L 以上的乘用车，税率由 20%上调至 40%。

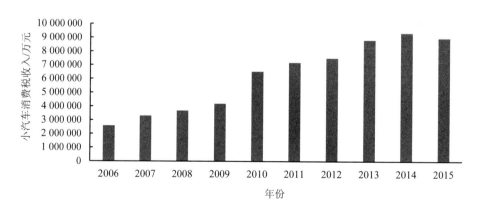

图 4-2　各省份小汽车消费税收入情况

4.2.2.3 木制一次性筷子和实木地板

由于消耗了大量木材资源并带来了环境污染，2006 年消费税中新增了木制一次性筷子、实木地板税目（图 4-3）。

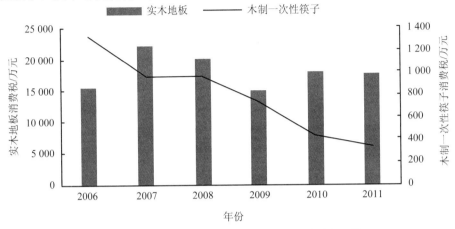

图 4-3 历年实木地板和木制一次性筷子消费税收入情况

4.2.2.4 电池和涂料征收消费税

2015 年 2 月 1 日起开始征收电池和涂料消费税，凡涉及涂料生产、委托加工（涂料生产性行为）和进口环节的企业、行政单位、事业单位、军事单位、社会团体及其他单位均为涂料消费税征收对象。对施工状态下涂料的挥发性有机化合物（VOC）含量进行测定，若施工状态时涂料产品的 VOC 含量低于 420g/L（含），可以免征涂料消费税。2015 年全国涂料销售额 4 142.2 亿元，若按溶剂型涂料占比一半计算，折合 2 071.1 亿元。以 4%税率估算，2015 年涂料消费税收入约 82.84 亿元。涂料消费税虽然涉及纳税人少、税款份额不大，但在促进涂料行业调整产品结构，推动产业向绿色环保转型升级起到了积极的引导作用。截至 2015 年 9 月底，青岛市共有 256 户涂料企业进行了纳税申报，其中 10 户涂料企业享受到了涂料消费税税收优惠政策。对涂料征收消费税，缩小了水性涂料和溶剂型涂料的成本差距，对推广水性涂料起到推动作用。

4.2.3 资源税改革全面推进

我国自 1984 年 10 月起首次开征资源税，当时征收范围较小，实际上仅对原油、天然气、煤炭和铁矿石征收。实施"普遍征收,级差调节"的原则,按矿产品销售量征税。2010 年开始推进资源税改革,主要体现在 3 个方面:①从量定额计征改为从价定率计征;②调整资源税税率;③清费立税,取消相关收费和基金项目。2016年 5 月 9 日,财政部联合税务总局发布《关于全面推进资源税改革的通知》(财税〔2016〕53 号),自 7 月 1 日起,资源税改革将在全国全面推行,对前期尚未从价计征的 129 个税目进行改革,资源税全部实现从价征收。

4.2.3.1 资源税改革进程加快

2016年5月9日,财政部联合税务总局发布《关于全面推进资源税改革的通知》(财税〔2016〕53号),自7月1日起,资源税改革将在全国全面推行。对前期尚未从价计征的129个税目进行改革。同时,对衰竭期煤矿开采的煤炭和充填开采置换出来的煤炭,分别实行资源税减征30%和资源税减征50%的优惠政策(不能叠加适用),见表4-3。开展水资源税改革试点工作。逐步将其他自然资源纳入征收范围。

表 4-3　资源税税目税率幅度

税目		税率/%
原油		6.0*
天然气		6.0*
煤炭	内蒙古自治区	2.0～9.0
	山西省	8.0
	宁夏回族自治区	6.5
	陕西省、青海省、新疆维吾尔自治区	6.0
	云南省	5.5
	贵州省	5.0
	山东省	4.0
	重庆市、湖南省	3.0
	四川省、甘肃省、湖南省、广西壮族自治区	2.5
	北京市、河北省、辽宁省、吉林省、黑龙江省、江苏省、安徽省、福建省、江西省、河南省、湖北省	2.0
金属矿	铁矿精矿	1.0～6.0
	金矿金锭	1.0～4.0
	铜矿精矿	2.0～8.0
	铝土矿原矿	3.0～9.0
	铅锌矿精矿	2.0～6.0

税目		税率/%
金属矿	镍矿精矿	2.0~6.0
	锡矿精矿	2.0~6.0
	钨精矿	6.5
	钼	11.0
	中重稀土	27.0
	轻稀土	内蒙古 11.5、四川 9.5、山东 7.5
	未列举名称的其他金属矿产品原矿或精矿	≤20.0
非金属矿	石墨精矿	3.0~10.0
	硅藻土精矿	1.0~6.0
	高岭土原矿	1.0~6.0
	萤石精矿	1.0~6.0
	石灰石原矿	1.0~6.0
	硫铁矿精矿	1.0~6.0
	磷矿原矿	3.0~8.0
	氯化钾精矿	3.0~8.0
	硫酸钾精矿	6.0~12.0
	井矿盐氯化钠初级产品	1.0~6.0
	湖盐氯化钠初级产品	1.0~6.0
	提取地下卤水晒制的盐氯化钠初级产品	3.0~15.0
	煤层（成）气原矿	1.0~2.0
	黏土、砂石原矿	每吨或立方米 0.1~5.0 元
	未列举名称的其他非金属矿产品原矿或精矿	从量税率每吨或立方米不超过 30 元；从价税率不超过 20.0
海盐	氯化钠初级产品	1.0~5.0

  资源税利用税收杠杆，有"限"有"奖"，对资源消耗高、污染环境的增加税收成本，对节约资源、利于环保的给予税收优惠，促进企业提高资源利用水平，助力企业生产转型升级。通过资源税收的调节作用，推动绿色发展。截至 2017 年 6 月底，全国共为符合条件的企业减免资源税近 42 亿元；在铁矿石丰富的山东省莱芜市，自资源税改革以来，全市共减免铁矿石资源税 1 908 万元，占全部铁矿石资源税 6 052 万元的 31%。降低了企业生产成本，为企业建设绿色矿山提供了充裕的资金，有力地促进了企业新旧动能转换、转型升级。

4.2.3.2 水资源税费改革范围扩大

2016 年 7 月 1 日，作为水资源最贫乏的省份之一，河北省率先实行水资源税改革，将原来收取的水资源费降为零，改征水资源税。按照鼓励使用再生水，合理使用地表水，抑制使用地下水的原则设定税额标准。地下水高于地表水，超采区高于非超采区，管网覆盖内高于管网覆盖外，对特种行业从高制定税额标准，对超限额农业生产用水从低制定税额标准。对限额内农业生产用水免征水资源税。严重超采区工商业取用水单位的税额标准最高为 6 元/m³，是原水资源费的 3 倍；特种行业取用水最高税额标准达 80 元/m³。

自 2016 年 7 月 1 日试点正式启动以来，河北省已累计征收水资源税 7.16 亿元，较 2015 年同期水资源费增收 1 倍。水资源税改革后，以水定产、适水发展的理念不断加强，高效节水工程和技术措施得到广泛应用，社会节水意识普遍增强，实现了从"要我节水"到"我要节水"的转变。2016 年总用水量比 2015 年减少 4.6 亿 t，抑制地下水超采作用显现，用水结构也显著优化。据河北省财政厅发布数据显示，截至 2016 年 7 月第 12 个征期结束，全省水资源税纳税人户数由 2015 年首个征期的 7 600 余户增加到 1.6 万户，税收的刚性作用已经发挥。差别税额倒逼企业加大投入，积极采取节水措施，主动转变用水方式，实现转型升级。河钢集团唐钢公司在行业内率先实现工业水源全部取自城市中水，享受免征水资源税的优惠政策，少缴水资源税 3 000 多万元，实现年节约新水 1 460 万 m³。河钢邯钢公司原来工业补充新水取自滏阳河水，2016 年新引入南水北调优质水源，并采取提高中水品质实现污水全回用，优化各工序用水结构实现优水优用等一系列节水措施，有效控制河水提取量，目前吨钢耗新水达到 2.14 t，年提水量约 2 568 万 t，在全国同类型企业中处于先进水平[①]。

2017 年 11 月 24 日，财政部、税务总局、水利部发布《关于印发〈扩大水资源税改革试点实施办法〉的通知》（财税〔2017〕80 号），按照党中央、国务院决策部署，自 2017 年 12 月 1 日起在北京、天津、山西、内蒙古、山东、河南、四川、陕西、宁夏 9 个省份扩大水资源税改革试点。至此，全国 10 个省份开展了水资源税试点。试点省份开征水资源税后，应当将水资源费征收标准降为零。水资源税改革试点期间，可按税费平移原则对城镇公共供水征收水资源税，不增加居民生活

---

① 河北省人民政府网站，中国财经报，2017 年 9 月 11 日。

用水和城镇公共供水企业负担。水资源税征收对象为地表水和地下水，税额标准见表 4-4。

表 4-4　试点省份水资源税最低平均税额　　　　　　　单位：元/m³

省份	地表水最低平均税额	地下水最低平均税额
北京	1.6	4
天津	0.8	4
山西	0.5	2
内蒙古	0.5	2
山东	0.4	1.5
河南	0.4	1.5
四川	0.1	0.2
陕西	0.3	0.7
宁夏	0.3	0.7

4.2.3.3　原油、天然气和煤炭税率从价征收

2010 年 6 月之后，原油和天然气首先在新疆试点实行从价计征，税率为 5%。2014 年 12 月 1 日起调整为 6%。2014 年实施煤炭资源税改革，由从量计征改为从价征收，税率为销售额的 2%～10%。自 2014 年 12 月 1 日起，在全国范围统一将煤炭、原油、天然气矿产资源补偿费费率降为零，停止征收煤炭、原油、天然气价格调节基金，取消煤炭可持续发展基金（山西省）、原生矿产品生态补偿费（青海省）、煤炭资源地方经济发展费（新疆维吾尔自治区）。

4.2.3.4　稀土、钨、钼税率从价征收

自 2015 年 5 月 1 日起，由从量定额计征改为从价定率计征，稀土、钨、钼应税产品包括原矿和以自采原矿加工的精矿。按精矿销售额或换算成精矿销售额（不含增值税）计算缴纳资源税。轻稀土按地区执行不同的适用税率，中重稀土资源税适用税率为 27%；钨资源税适用税率为 6.5%；钼资源税适用税率为 11%。

4.2.4　车船税和车辆购置税初步绿色化

4.2.4.1　车船税按排气量确定税额

2011 年第十一届全国人大常委会第十九次会议通过了《中华人民共和国车船

税法》，2012 年 1 月 1 日起施行，是第一个由税收暂行条例上升为税法的税种。现行车船税是对车船保有环节征收的一个税种，车船税制度财产税；车船税是地方税，由地方税务机关征收；纳税人为机动车根据排气量大小设置乘用车税额标准（表 4-5）。

表 4-5　车船税税目税额

税目（子税目）		计税单位	年基准税额	备注
乘用车[按发动机汽缸容量（排气量）分档]	1.0 L（含）以下的	每辆	60～360 元	核定载客人数 9 人（含）以下
	1.0 L 以上至 1.6 L（含）的		300～540 元	
	1.6 L 以上至 2.0 L（含）的		360～660 元	
	2.0 L 以上至 2.5 L（含）的		660～1 200 元	
	2.5 L 以上至 3.0 L（含）的		1 200～2 400 元	
	3.0 L 以上至 4.0 L（含）的		2 400～3 600 元	
	4.0 L 以上的		3 600～5 400 元	
商用车	客车	每辆	480～1 440 元	核定载客人数9人以上，包括电车
	货车	整备质量每吨	16～120 元	包括半挂牵引车、三轮汽车和低速载货汽车等
其他车辆	挂车	整备质量每吨	按照货车税额的50%计算	不包括拖拉机
	专用作业车	整备质量每吨	16～120 元	
	轮式专用机械车		16～120 元	
	摩托车	每辆	36～180 元	
船舶	机动船舶：按净吨位	净吨位每吨	3～6 元	拖船、非机动驳船分别按照机动船舶税额的50%计算
	游艇：按艇身长度	船身长度每米	600～2 000 元	

2015 年各省份车船税收入（图 4-4），其中广东省为收入最高的省份，2015 年达到 53.43 亿元，占全国车船税收入的 8.65%。

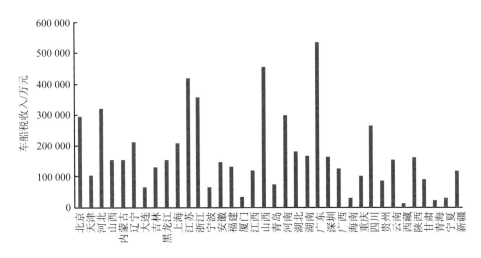

图 4-4　各省份车船税收入情况

4.2.4.2　车辆购置税对小排量和新能源汽车实行优惠政策

车辆购置税是对汽车、摩托车、电车、挂车、农用运输车在购置环节征收的一个税种，采用从价定率办法计征，税率为 10%。车辆购置税国家税务局征收，纳入中央财政。车辆购置税收入补助地方资金管理。通过对车辆消费行为的调节，其能够起到一定程度的环境保护作用。

（1）小排量汽车优惠。为了倡导绿色环保，拉动汽车消费，对小排量汽车的优惠政策，鼓励对小排量汽车的消费行为。对 2009 年 1 月 20 日至 12 月 31 日购置 1.6 L 及以下排量乘用车，暂减按 5% 的税率征收车辆购置税。2010 年将上述优惠税率调整为 7.5%。自 2011 年 1 月 1 日起，将对 1.6 L 及以下排量乘用车统一按 10% 的税率征收车辆购置税。自 2015 年 10 月 1 日起至 2016 年 12 月 31 日止，对购置 1.6 L 及以下排量乘用车减按 5% 的税率征收车辆购置税。自 2017 年 1 月 1 日起至 12 月 31 日止，对购置 1.6 L 及以下排量的乘用车减按 7.5% 的税率征收车辆购置税。自 2018 年 1 月 1 日起，恢复按 10% 的法定税率征收车辆购置税。

（2）新能源汽车免征车辆购置税。根据财政部 2014 年第 53 号公告和财政部 2017 年第 172 号公告，自 2014 年 9 月 1 日至 2020 年 12 月 31 日，对购置的新能源汽车免征车辆购置税。

2001—2016 年，全国累计征收车辆购置税 22 933 亿元，年均增长 17%，其中 2016 年征收车辆购置税 2 674 亿元。车辆购置税制度对于组织财政收入、促进交通基础设施建设和引导汽车产业发展都发挥了重要作用。

（3）车辆购置税法启动。财政部和国家税务总局于 2017 年 8 月 7 日就《中华人民共和国车辆购置税法（征求意见稿）》向社会公开征求意见，贯彻落实税收法定原则，采取税制平移的方式将《中华人民共和国车辆购置税暂行条例》上升为法律。主要内容包括：征税对象改为汽车、摩托车、挂车和有轨电车 4 类；规定车辆购置税的税率为 10%；进一步完善征管机制；对符合条件的新能源汽车、公共汽电车辆等临时性减免车辆购置税政策，可继续授权由国务院决定。

2015 年江苏、广东、浙江、山东、河北、四川、河南征收额居前，分别为 245.64 亿元、242.47 亿元、179.18 亿元、168.85 亿元、156.11 亿元、153.67 亿元、150.73 亿元，车辆购置税江苏省居首位（图 4-5）。

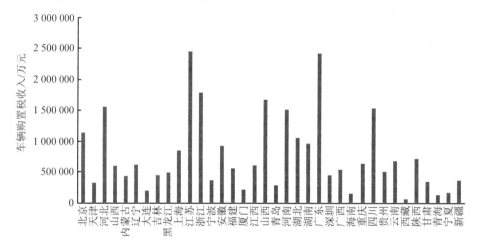

图 4-5　各省份车辆购置税收入情况

4.2.5　环境相关税收收入规模

4.2.5.1　规模和结构

我国环境相关税收收入逐年增长，特别是2009年成品油税费改革后，成品油消费税大幅增长，由2008年的317.6亿元增长到2 024.3亿元。2015年，成品油税率提高的增幅也较大。2015年，我国环境相关税收收入总额估计达9 381亿元。

2015 年，我国环境保护税收入占税收总收入和 GDP 的比例分别为 6.44%和 1.36%，与 OECD 国家平均水平相近（环境税收入占 GDP 的比例平均为 1.65%）。环境相关税收收入占税收总收入的比例总体上呈增长趋势，但是近年来处于下降趋势，即增长速度慢于税收收入增长速度和经济增长速度。从环境相关税收组成看，中国成品油消费税和车辆购置税分别占环境相关税收收入的 43.2%和 32.3%（图 4-6）。

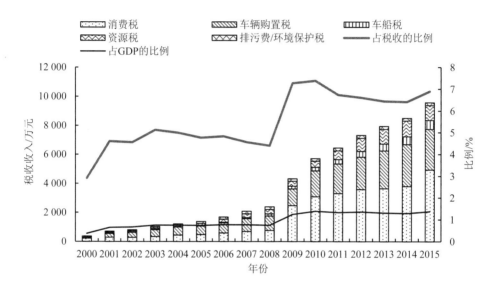

图 4-6　环境相关税收收入

4.2.5.2　环境效果

采用层次分析法对从税收规模、与环境保护的相关程度以及税收的作用 3 个方面来评价税收绿色化程度。税收规模考虑环境相关税收收入分别占 GDP 的比例和占总的税收收入比例；与环境保护相关程度考虑税种的命名、税基设置、税率水平和环境保护目标的一致性指标；税收作用主要考虑减排效果、消费者的影响和对技术创新的作用。具体指标见表 4-6。

各项指标的赋值分为 1、2、3、4、5 五档，即差、较差、一般、较好、好；赋值标准以定量化评价为主，利用国际比较、趋势分析和一致性评价等方法，参照统计数据和文献资料结果综合评判赋值。具体标准见表 4-7。

表 4-6　税收绿色化评价指标体系

一级指标	权重	二级指标	权重	赋值	解释
税收规模	0.2	占 GDP 比例	0.5		与 OECD 国家平均值比较，注意口径的统一
		占税收比例	0.5		
相关程度	0.4	名称相关度	0.25		直接或相关命名的数量
		税基相关度	0.25		与减排要素的关联程度
		税率相关度	0.25		与污染排放的关联程度
		目标一致性	0.25		与环保目标的关联程度
税收作用	0.4	减排效果	0.4		污染减排与税收相关分析
		消费影响	0.3		消费者的影响
		技术创新	0.3		生产工艺和治理技术创新

表 4-7　税收绿色化评价指标赋值标准

一级指标	二级指标	1	2	3	4	5	解释
税收规模	占 GDP 比例	<1.0	1.0～1.5	1.5～2.0	2.0～2.5	>2.5	与 OECD 国家平均值比较
	占税收比例	3.0	3.0～5.0	5.0～7.5	7.5～10.0	>10.0	
相关程度	名称相关度	无关联	有关联	有命名	主要税种	多数	直接关联名称命名的数量
	税基相关度	无关联	较小	有关联	主要税种	较大	分税种考虑
	税率相关度	无关联	较小	一般	主要税种	较大	税率设计考虑
	目标相关度	小	较小	一般	较大	大	约束性指标
税收作用	减排效果	小	较小	一般	较大	大	税收与污染分布的一致性
	消费影响	小	较小	一般	较大	大	产品消费量的变化
	技术创新	小	较小	一般	较大	大	环保技术研发投入

　　按照前面的指标体系和评价标准，发现我国税收绿色化程度相对较低，综合得分 2.6 分（满分 5 分），税收规模、相关程度、税收作用分别为 3.0 分、3.0 分和 2.0 分（表 4-8）。计算结果表明，我国与环境相关税收总体规模与 OECD 平均水平相当，但是税收设计对环境因素考虑得较少，激励作用较低，还有较大发展的空间。因此，我国环境税收政策研究应更多地考虑税制设计，增强与环境保护的关联程度以及政策实施的效果。

表 4-8 我国税收绿色化程度评价结果

一级指标	二级指标	指标赋值	分项得分	综合得分
税收规模	占 GDP 比例	2	3.0	2.3
	占税收比例	4		
相关程度	名称相关度	4	3.0	
	税基相关度	3		
	税率相关度	2		
	目标相关度	3		
税收作用	减排效果	2	2.0	
	消费影响	3		
	技术创新	1		

4.2.5.3 促进了小排量汽车比例的增加

与环境相关的税收主要体现在机动车购置、生产和使用上，机动车相关税收政策促进了小排量汽车的增加，按不同排气量的汽车产量占汽车总量的比例来看，小型汽车产量逐年增加（图 4-7）。2009 年增长幅度较大，提高 7%；2011 年，购置税优惠全面取消之后，增幅降至 2.4%。2016 年年底购置税减半政策即将到期时，推动了车市的一波小高潮。2018 年 1 月 1 日起，车辆购置税将恢复 10% 的法定税率，2017 年小排量汽车销售比例仍将有一定的增幅。

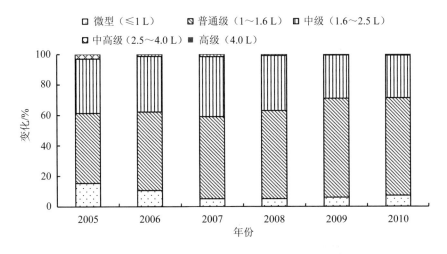

图 4-7 全国轿车分排量产量占汽车总量变化情况

资料来源：中国汽车工业年鉴。

汽油、柴油消费税对于控制机动车污染、减少雾霾影响具有促进作用，产生了有益的环境效应，初步估计每年减少氮氧化物排放 89 万 t。总之，环境相关税收的征收，对于促进资源节约和环境改善起到了积极的推动作用。随着税收绿色化程度的提高，其促进作用将逐步增强。

4.3 存在的问题

虽然《环境保护税法》的颁布，标志着我国真正拥有了以保护环境、促进生态文明为目的的环境保护税税种，大大增强了我国税收绿色化程度。但纵观现有与环境相关的税收制度，总体上，我国税收绿色化程度仍然较低，税收绿色化程度仍有待提高。主要表现在税制要素与环境关联程度低，如资源税，水资源、森林、草原等仍然没有纳入征收范围，已征项目没有充分考虑生态成本；税收政策对于机动车污染控制作用相对较弱；拟开征的环境保护税征收范围过窄等。

4.3.1 资源税改革没有充分考虑生态成本

尽管我国正在全面推行资源税改革，改变计征方式，提高税额标准，但对比日益高涨的资源价格而言，现行资源税水平仍很低，没有考虑资源开采过程的生态成本。矿产资源开发环境破坏，露天开采的矿山扬尘、滑坡、占用土地等问题比较突出，而地下开采的矿山地面塌陷、地面沉降、地裂缝、破坏地下水等问题较多。非金属矿山的开采主要是产生的粉尘造成大气污染和严重的水土流失；石油油田的环境问题主要集中在地表水、地下水和土壤的严重污染。冶金矿山引起的环境质量型破坏以及由此导致的生物型破坏要比非金属矿山更严重。以煤为例，煤炭开采的生态成本为 37.09 元/t（表 4-9）。目前煤炭资源税为 2%～9%，没有涵盖生态成本。

表 4-9 煤炭开采的生态成本

类别	指标项	吨煤成本/元
水生态系统	地下水资源破坏	10.64
	水土流失	6.20
土地生态系统	土地塌陷	2.07
	周边居民移民	0.20

类别	指标项	吨煤成本/元
森林生态系统	坑木消耗生物多样性损失	0.02
	林牧生长量损失	16.40
	林地生态服务价值损失	1.34
	增加造林费用成本	0.15
草原生态系统	草原生态服务损失	0.03
农田生态系统	农田环境服务损失	0.04
总计		37.09

4.3.2 环境保护税的范围太窄

《环境保护税法》"税负平移"的设计体现了渐进式制度改革的思想，既通过排污收费制度关键要素的平移来保持平稳过渡，又通过适当提高征收强度、正向激励和规范程度，实现了政策的改善提升。《环境保护税法》对排污收费政策进行了诸多方面的优化，但也留下许多需要继续改进的空间，尚需持续的改革才能真正发挥环境保护税为减排行为提供正向激励的功能。

（1）环境保护税征收范围仅涉及部分固定污染源。虽然一些省份提高了税额标准，但是环境保护税收入占环境相关税收收入的比例仍然较低。农药滥用、化肥过量施用是造成面源污染的一个重要原因，现有税收政策没有对农药、化肥等产品使用征税。

（2）环境保护税与当前环境保护的诸多任务不匹配。我国已经成为二氧化碳排放大国，温室气体排放和气候变化对于我国国民经济和社会发展产生了影响，《环境保护税法》没有包含二氧化碳，挥发性有机污染物只有部分纳入。

（3）城镇污水处理厂优惠政策不利于污染减排。《环境保护税法》规定给予城镇污水处理厂达标排放免征优惠。截至 2016 年年底，全国共有城镇污水处理厂 3 552 座，污水处理厂处理能力为 1.79 亿 t/d，城市年污水处理总量为 529.8 亿 t。城市污水处理率 93.44%，其中污水处理厂集中处理率 89.80%；县城污水处理率 87.38%，其中污水处理厂集中处理率 85.8%。目前，约有 40% 的城镇污水处理设施通过 BOT、BT 等特许经营模式引入社会资本，参与设施建设与运营（《中国城镇排水与污水处理状况公报 2006—2010 年》）。据 E20 环境产业研究院统计分析，2013 年年底，近半的城镇污水处理厂实现了市场化运作（图 4-8）。2015 年，全国共调查统计 6 910

座城镇污水处理厂，设计处理能力达到 18 736 万 t/d，全年共处理废水 532.3 亿 t，其中处理生活污水 470.6 亿 t，占总处理水量的 88.4%。2015 年，全国工业废水排放量 18.16 亿 t，其中直接排入环境 13.11 亿 t，排入污水处理厂 50.5 亿 t，占排放量的 28.8%。重点城市平均 36.9%工业废水排入污水处理厂（中国环境统计年报数据计算）。

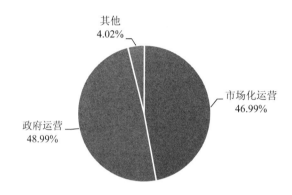

图 4-8　我国城镇污水处理厂各种运营模式占比分布（2013 年）

（4）挥发性有机污染物没有纳入环境保护税。2015 年财政部、国家发改委、环境保护部联合印发了《挥发性有机物排污收费试点办法》，对石油化工行业和包装印刷行业排放 VOCs 征收排污费。截至 2017 年，全国共有 18 个省份发文出台 VOCs 排污收费政策，其中 15 个省份已实际开征 VOCs 排污费，北京、上海和山东三地对试点行业进行了扩展。截至 2017 年 6 月，全国各省份 VOCs 排污费申报排放量共计 12.08 万 t，共开单 6.87 亿元；VOCs 排污费征收额共计 5.79 亿元。石化和包装印刷两个试点行业征收额为 2.96 亿元，占全部 VOCs 排污费征收总额的 51.2%。VOCs 排放对环境危害很大，是导致 $PM_{2.5}$ 污染的重要根源，是高浓度 O_3 形成的重要原因。

4.3.3　机动车相关的税收政策有待完善

在环境相关税收中，90.2%与机动车相关，但是税制设计中对环境保护因素考虑不足。购置阶段税收收入占比较高，车辆购置阶段（车辆购置税、消费税中摩托车、小汽车税目）占 44.4%，保有阶段（车船税）占 7.4%，使用阶段（消费税中的成品油税目收入）占 48.2%（图 4-9）。

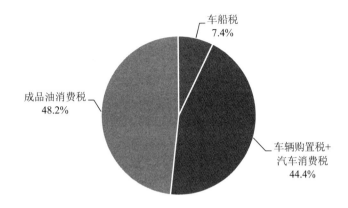

图 4-9　2015 年机动车相关税收收入构成

（1）我国在车辆投入环节没有体现环保理念。我国的车辆购置税采用统一税率进行征收，没有考虑车辆的排量或耗能，且其优惠政策也仅针对新能源汽车，对于非新能源但低排放、低耗能的车辆缺失相关优惠政策。同时，我国的消费税以价内税的形式征收，大部分消费者对于自己购买车辆的税负没有明确的概念。虽然目前对于新能源车辆有补贴和税收优惠政策，但这两项政策均仅执行至 2020 年，而新能源车辆的成本较高，政策完全退出之后，消费者对于新能源车辆购买欲望可能会受到影响。可以看出，目前我国在投入环节的税收及优惠政策对于引导消费者购买更加环保的车辆效应不足。

（2）我国车船税率划分依据仍显不足。我国车船税的设计以汽缸容量为依据，但这仅是机动车污染排放的因素之一，其他重要因素还包括机动车的燃油效率、使用燃料类型、汽车重量等。可以推测使用先进技术或清洁型燃料的大汽缸容量机动车完全有可能比汽缸容量小的机动车更加节能减排。

（3）我国的成品油消费税计税方式不尽合理。一是我国的成品油消费税大概占成品油价格的20%，与国外 60%的比例相比税负较低；且汽油和柴油的污染程度差距大但其税率差距小，对于引导消费和环境保护没有起到调节作用。二是征税范围较窄，我国目前仅对汽油和柴油征税，英国、日本除对传统的汽油及柴油征收税费之外，还对液化天然气、液化石油气等新型燃料征税，目的就是为了减少尾气排放保护环境。

（4）地方补贴政策对于促进老旧车辆淘汰更新的效果不足。一是地方政府依据自身污染情况与财政情况自行设置补贴标准差异较大，据不完全统计，目前已出台地方补贴政策的有北京、山东、海南、深圳、杭州、南京 6 省份，对于 2019 年申请淘汰的，6 省份的最高补贴标准在 4 万～8.55 万元，差距较大。而最高的补贴标准无法支持购买新车，导致人们对于主动报废老旧车辆的积极性不高；二是政策均是予以补贴，促进车辆的"新陈代谢"，国外则除了施行补贴政策外还对车龄超过时限的老旧车辆征收额外的税费，收费与优惠双管齐下，促进人们淘汰废旧车辆；三是针对车辆随意弃置的情况，相关政策仍未完善，如何防止车辆随意弃置的情况出现，政策上又应该做出何种调整是我们应当思考的问题。

4.4 完善环境税收制度的建议

按照党的生态文明建设的需求和《深化财税体制改革总体方案》的要求，从完善税收制度和保护环境出发，全面系统构建环境税收制度：加强消费税对污染产品的调节作用；将环境成本纳入资源税改革中；优化机动车相关的车船税、车辆购置税、成品油消费税；规范落实环境保护税收优惠政策。

4.4.1 将环境外部成本纳入资源税改革中

资源税改革中税率调整要体现资源开采过程中的环境外部成本，全面调查资源开采生态问题，评估生态损失，作为税率调整依据；逐步扩大资源税征收范围，将条件成熟的收费项目改税。

资源税以从价征收为主，那么将生态破坏成本纳入资源税的税率增加幅度建议为生态破坏成本占价格的比率，即

$$R = C/P \times 100\%$$

式中：R —— 税率增加幅度；

C —— 该矿种开发的生态破坏成本；

P —— 矿种单位价格。

以煤炭为基准,煤炭生态破坏成本为 37.09 元/t,取煤炭价格 600 元/t,则生态破坏成本约占煤炭价格的 6.2%。各矿种的生态破坏税率(即将生态破坏成本纳入资源税后税率上升幅度),见表 4-10。

表 4-10 将生态破坏成本纳入资源税后税率上升幅度

类别	矿种	税率/%
能源矿	煤	6.20
	石油	4.39
	天然气	0.22
	石煤	3.06
金属矿	黑色金属	2.09
	有色金属	1.07
	贵金属	2.03
	稀有金属	0.44
非金属矿	非金属矿	0.62

4.4.2 全面推行水资源费改税试点

水资源税改革试点一年多来,河北省在政策制定、部门联动、税收征管、信息化建设等方面探索积累了大量的经验,为下一步水资源税在全国的推广打下基础。河北省财政、地税、水利、住建等多个部门形成联动,积极创新了多项举措,逐步构建起"水利核准、纳税申报、地税征收、联合监管、信息共享"的水资源税改革模式,确保了试点平稳运行。财政部等相关部委组织第三方机构对试点情况进行的评估认为,河北省水资源税改革进展顺利平稳,成效明显,达到了试点预期目标,具有可推广性,为下一步扩大试点范围积累了经验。财政部部长肖捷在 2016 年年底举行的全国财政工作会议上部署 2017 年财政工作时表示,2017 年要继续深化资源税改革,扩大水资源税试点范围。此外,要跟踪 10 个省份水资源税改革试点进展情况,总结经验,完善水资源税政策,逐步在全国范围内推广应用,促进水环境质量改善。

4.4.3　优化机动车相关税收政策

（1）在车辆购置税方面实行分档征收。对高能耗、高污染汽车实行高税率征税，对低能耗汽车实行低税率征税，或设置一定的补贴或税收返还政策，以达到限制高污染车辆购买的目的。在 2009—2010 年和 2015—2017 年，我国对 1.6 L 及以下排量乘用车的车辆购置税实施优惠政策，可借鉴其税率的梯度划分，并进一步细致地划分对应的分档税率。

（2）车船税的征收应该综合考虑到油耗量与其他因素。当前仅以排气量为依据设置的车船税税率仍然较为片面，应该考虑到燃油消耗量和尾气污染物的排放量，并在原来的基础上，设立不同梯度的税率，贯彻高能耗、高污染、高缴税的原则，以此引导人们购买经济环保低能耗的汽车，进一步加强绿色化。

（3）完善成品油消费税计税方式。一是研究提高成品油消费税税率，保证提高后的税率让消费者可以接受但又有利于环境改善；二是扩大成品油消费税的征税范围，将液化石油、液化天然气等新型燃料纳入征税范围，防止通过替换石油产品出现的避税行为。

（4）在丢弃环节采用奖罚并用的政策促进老旧车辆淘汰更新。目前我国对于促进老旧车辆淘汰更新仅有补贴政策，且补贴幅度不足以提高人们主动报废老旧车辆的积极性。政府可以研究制定对超过一定年限的老旧车辆加征相应的车船税，同时分时段对老旧车辆实行限行政策，从惩罚性税收及限制使用等角度倒逼人们主动报废车辆。

（5）在投入和使用环节加大对新能源汽车的政策支持力度。研究制定现有补贴、免税等优惠政策退出后的鼓励购买政策，对新能源车辆生产厂商综合运用免税、减税和税收抵扣等多种税收优惠政策，促进绿色交通技术研发应用，降低消费者购买新能源车辆成本，引导人们购买使用新能源汽车。此外，国家对新能源汽车的政策扶持范围应该尽可能涵盖汽车使用阶段，如新能源汽车在电池使用与续航方面的种种不便，政府应进一步加强在城市区域内的公共充电场所以及小区充电桩的建设。同时，对新能源汽车实行交通拥堵税免征政策，可以随时出入城市各个角落。利用经济手段改善城市交通拥堵状况的同时，鼓励消费者购买新能源汽车，给予消费者更加多元化的激励措施。

4.4.4　开征碳税

凡是因消耗化石燃料直接向环境排放二氧化碳的单位作为碳税的纳税义务人。单位包括国有企业、集体企业、私有企业、外商投资企业、外国企业、股份制企业、其他企业，以及行政单位、事业单位、军事单位、社会团体及其他单位。现阶段，个人暂不作为纳税人。纳入碳交易市场的企业不征收。

征税对象为在生产、经营等活动过程中因消耗化石燃料直接向大气排放的二氧化碳。由于二氧化碳是因消耗化石燃料所产生的，因此，碳税的征税范围包括煤炭及煤炭制品、焦炉煤气、原油、汽油、柴油、燃料油、液化石油气、天然气、其他化石燃料。

碳税的征收对象是直接向大气排放的二氧化碳，理论上应该以二氧化碳的实际排放量作为计税依据，根据我国目前的碳排放交易市场价格，以及相关研究成果，设置三档税率（表 4-11）。

表 4-11　碳税税率设置方案　　　　　　　　　　　　　　单位：元/tCO_2

税率	2015 年	2020 年	2030 年
低方案	10	40	80
中方案	15	50	100
高方案	30	80	150

第 5 章

有利于环境保护的金融机制

有利于环境保护的金融机制主要是指绿色金融、气候金融等概念，涵盖了绿色金融原理与政策、绿色金融市场与产品、绿色金融风险识别与监管等方面。其中涉及的金融产品包括但不限于绿色信贷、绿色债券、绿色保险、碳金融、绿色基金等。本章在梳理上述绿色金融产品发展情况的基础上，识别出存在的问题，并针对问题提出可行的政策建议。

5.1 原理分析

（1）绿色金融为调控自然资源与环境容量刚性稀缺的金融手段。金融作为国家宏观经济的调控手段之一，主要功能可在一国范围内，通过货币信贷政策等实现资源的良性配置。绿色金融则进一步作为调控手段来引导绿色经济，调控自然资源和环境容量的稀缺性，借助有利于环境保护的货币信贷等政策，守住环境容量上限、生态保护红线、环境质量底线和资源利用上线。

（2）绿色金融通过财政、货币和信贷政策的引导，实现资源的动态平衡和有效配置。政策的绿色化调整，税收、补贴、基金、货币和信贷等可通过绿色金融作用于市场，形成有利于应对气候变化和环境保护的市场机制，从而推动自然资源和环境资源的有效配置。

（3）绿色金融各项机制中，绿色信贷主要指银行业对节能环保相关企业提供贷款扶持和优惠利率，而对污染生产企业限制贷款的机制。绿色债券是指金融机构法人依法发行的、募集资金专门用于支持符合规定条件的绿色项目或为这些项目进行再融资的债券工具。绿色保险主要指环境污染责任保险，是基于环境污染赔偿责任的一种商业保险，以企业发生污染事故对第三者造成的损害依法应承担的赔偿责任为标的的保险。绿色基金则是集合各种融资手段和工具的平台，形成各种融资组合来降低绿色项目的融资成本和融资风险，并最大化地聚合社会资本。

5.2 应用现状

5.2.1 绿色金融政策指引

（1）出台绿色金融顶层政策，构建绿色金融体系。2016 年 8 月，中国人民银行、财政部、国家发改委、环保部、银监会、证监会、保监会 7 部委发布了《关于构建绿色金融体系的指导意见》（以下简称《指导意见》），提出了 35 条推动中国绿色金融发展的具体措施。《指导意见》通过界定绿色金融内涵、提出探索设立多项激励机制、强化第三方机构评价和环境信息披露作用、设立绿色基金深化政府和社会资本合作，以及完善环境权益交易丰富创新融资工具等，搭建起绿色金融顶层政策框架体系。

（2）部署地方改革创新试点，建设绿色金融试验区。2017 年 6 月，国务院召开常务会议，决定在浙江、江西、广东、贵州、新疆 5 省份选择部分地方，建设各有侧重、各具特色的绿色金融改革创新试验区，在体制机制上探索可复制、可推广的经验。广东广州市花都区，贵州贵安新区，江西省赣江新区，浙江衢州市和湖州市，新疆哈密市、昌吉州和克拉玛依市已获批建设试验区。

5.2.2 绿色金融产品发展

5.2.2.1 绿色信贷

1995 年国家环保局下发《关于运用信贷政策促进环保工作的通知》、央行下发《关于贯彻信贷政策与加强环保工作有关问题的通知》，要求各级金融部门把支持生态资源的保护和污染的防治作为银行贷款的考虑因素。2004 年，国家发改委、中国人民银行、银监会联合发布了《关于进一步加强产业政策和信贷政策协调配合控制信贷风险有关问题的通知》，要求银行在发放信贷的过程中考虑项目是否符合产业政策。2005 年央行与环保部门建立环境执法信息纳入征信管理系统的合作机制。然而由于地方政府将经济发展作为优先考虑因素、不同政府部门之间缺乏合作机制、未采用市场机制和激励手段、缺乏监督和实施机制等因素，这些早期的绿色信贷政策既没有得到环保部门的重视，也没有被各级金融部门响应和贯彻落实。国家环保总局、中国人民银行、银行监管等部门充分分析绿色信贷的国际经验，在对我国环保、信贷工作实际情况进行广泛调研以后，于 2007 年联手发布《关于落实环保政策法规防范信贷风险的意见》，预示着我国绿色信贷政策正式启动。2012 年银监会、国家发改委发布了《关于印发能效信贷指引的通知》，目的是落实国家节能低碳发展战略，促进能效信贷持续健康发展，积极支持产业结构调整和企业技术改造升级，提高能源利用效率，降低能源消耗。《关于印发能效信贷指引的通知》对银行业金融机构有效开展绿色信贷，大力促进节能减排和环境保护，有效防范环境与社会风险，更好地服务实体经济提出了明确要求：要求银行在组织管理、政策制度及能力建设、流程管理、内控与信息披露及监督检查等方面以绿色信贷为抓手，积极调整信贷结构，有效防范环境与社会风险。绿色信贷体系由此开始逐渐形成。2016 年中国人民银行等 7 部委下发了《关于构建绿色金融体系的指导意见》，它是全球首个政府主导的较为全面的绿色金融政策框架，对绿色金融的发展给出了顶层设计，它的出台对转变经济增长方式，引导社会资本积极参与绿色项目，降低融资门槛，促进经济健康发展有着深远的意义。因此，《关于落实环保政策法规防范信贷风险的意见》《关于印发能效信贷指引的通知》和《关于构建绿色金融体系的指导意见》也是绿色信贷的 3 个重要文件。

根据中国银监会发布的数据，截至 2016 年 6 月末，全国 21 家主要银行业金融机构绿色信贷余额达 7.26 万亿元，占各项贷款的 9%。其中，节能环保、新能源、新能源汽车等战略性新兴产业贷款余额 1.69 万亿元，节能环保项目和服务贷款余额 5.57 万亿元。以中国银行和中国工商银行为例，截至 2016 年年底，中国银行绿色信贷余额 6 523 亿元，较年初增加 506 亿元，增幅为 8.4%；中国工商银行绿色信贷余额 9 785 亿元，占同期贷款比重的 14.2%，较 2015 年增长 7%。

（1）绿色交通项目是绿色信贷的主要投向。从贷款项目类别看，绿色交通运输项目贷款余额 26 542.7 亿元，占同期全部节能环保项目贷款的 47.6%；可再生能源及清洁能源项目贷款余额 14 686.39 亿元，占比 26.4%；工业节能节水环保项目余额 4 040.1 亿元，占比 7.3%；垃圾处理及污染防治项目贷款余额 2 901.4 亿元，占比 5.2%；自然保护、生态修复及灾害防控项目贷款余额 2 150.4 亿元，占比 3.9%，见图 5-1。

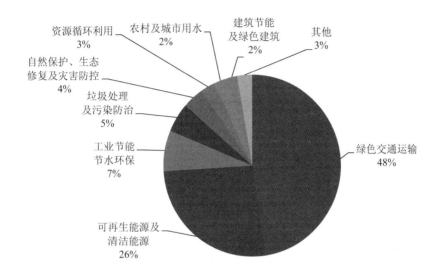

图 5-1　绿色信贷投向情况

（2）"赤道原则"有助于推进绿色信贷。"赤道原则"是一项针对项目融资的自愿性行业倡议计划，要求银行在提供资金支持之前对项目进行社会和环境评估，并将此作为风险管理的一种途径。2008 年，兴业银行宣布采用"赤道原则"，成为我国首家实行赤道原则的金融机构。兴业银行在采用了"赤道原则"之后一直着重于建设自身的环境和社会管理系统，并成立了"可持续发展部"专门小组来贯彻"赤道原则"。到 2008 年年底，兴业银行已经向节能减排项目发放了 86 笔贷款，总共 33 亿元人民币，覆盖了国内 22 个省份。每年这些项目共将减少 320 万 t 耗煤量和 1 370 万 t 二氧化碳排放。

5.2.2.2　绿色债券

2015 年 12 月 22 日，中国人民银行发布绿色金融债券公告，支持相关的金融机构申请发行绿色金融债券。随后中国人民银行发行了《绿色债券支持项目目录》

（2015 版）明确了绿色产业项目的分类，界定了节能、污染防治、资源节约与循环利用、清洁交通、清洁能源、生态保护和适应气候变化六大类（一级分类），以及 31 小类（二级分类）环境效益显著的项目。2015 年至今，国内监管部门和证券交易所相继出台了绿色债券相关的政策和指引，在引导中国绿色债券发展的过程中起到决定性作用，标志着国内绿色债券市场的起步。

（1）中国已成为全球绿色债券市场的主导者。目前中国绿色债券约占债券市场的 2%，远高于 2% 的世界平均水平。截至 2017 年上半年，中国境内绿色债券发行总量 2 688 亿元。其中 2016 年全年，中国绿色债券发行量已达到人民币 2 339 亿元，包括 33 个发行主体发行的各类债券 65 只，占全球发行规模的 39%。中国正在逐渐开放银行间债券市场，政府也正在鼓励跨境绿色债券的发行与投资，中国绿色债券市场具有广阔的发展前景。

（2）绿色债券发行人数量上以企业为主，发行规模上以商业银行占主导。2016 年，在 33 个绿色债券发行人中，有 1 家开发性银行、2 家政策性银行、9 家商业银行，其余发行人均为企业。发行规模上，9 家商业银行发行绿债共计 1 763 亿元，占全国绿色发行规模的 76%（图 5-2）。发行债券种类主要是绿色金融债、绿色公司债、绿色企业债、绿色中期票据和绿色资产支持证券等，绝大部分是 3 年或 5 年期的中期产品。

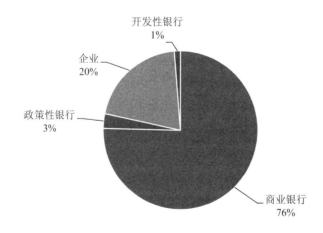

图 5-2　绿色债券各类发行人发行规模占比

（3）绿色债券多投向跨领域绿色项目。根据中国人民银行发布的《绿色债券支持项目目录》划分，2016 年，我国绿色债券支持的项目类别中近 18%的项目属于节能类、超过 6%的项目属于清洁能源类、超过 4%的项目属于污染防治类、近 2%的项目属于清洁交通类、资源节约与循环利用类仅占 0.2%，而超过半数近 76%的绿债属于多领域的绿色项目。

5.2.2.3 绿色保险

2007 年，国家环保总局和中国保监会联合出台了《关于环境污染责任保险工作的指导意见》，推动环境责任保险试点。试点省份为河北等 12 个。试点企业和行业主要是危险化学品的生产、经营、储藏、运输和使用的相关企业，容易造成污染的石油化工业，以及危险废弃物处置行业。但试点情况不乐观，参保企业数量少。在此背景下，为了以强制性责任保险带动任意险，中国开始尝试发展强制性环境责任保险。2013 年 1 月 21 日，环境保护部和中国保监会联合发布了《关于开展环境污染强制责任保险试点工作的指导意见》，明确规定了试点企业范围，包括涉重金属企业，按地方有关规定已被纳入投保范围的企业，以及其他高环境风险企业，如石油天然气开采、石化、化工等行业，生产、储存、使用、经营和运输危险化学品的企业，产生、收集、贮存、运输、利用和处置危险废物的企业，以及存在较大环境风险的二噁英排放企业等。与此同时，国家也出台相关政策，积极推进巨灾保险等农业和气候保险的发展。2007 年 4 月，中国保监会发布《关于做好保险业应对全球变暖引发极端天气气候事件有关事项的通知》，要求充分发挥保险经济补偿、资金融通和社会管理功能，提供全方位、多层次的灾害保险产品，积极探索天气灾害指数保险等新型产品的开发和推广，建立健全巨灾风险防范机制等。2014 年 8 月，国务院发布《关于加快发展现代保险服务业的若干意见》，要求开展农产品目标价格保险试点，探索天气指数保险等新兴产品和服务，丰富农业保险风险管理工具。

（1）绿色保险意义深远。目前，全国环境污染事故呈现高发态势，想要从根本上解决问题就必须从实际出发，加强应对污染事故的机制建设，建立环境保护的长效机制。而环境污染责任保险制度就是环境保护的一个非常重要的长效机制，是针对环境事故、环境风险建立的一项环境管理制度。环境污染责任保险是国际上普遍采用的制度，是以企业发生污染事故对第三者造成的损害依法应承担赔偿责任为标的保险。利用保险工具防范处置环境污染事故，有利于分散企业经营风险，发挥费率杠杆机制；促使企业加强内部环境风险管理，使污染受害者及时获得经济补偿。

另外，利用环境污染责任保险能够建立环境污染事故的救助机制，减轻政府和社会的负担。还可以通过环境污染责任保险扩大社会的环境监管力量，降低环境管理工作的风险和压力。总体来说，环境污染责任保险制度的意义有以下几点：①建立环境污染责任保险机制，加快环境保护长效机制的建设，可以进一步丰富中国环境保护新道路的内涵；②建立环境污染责任保险机制，有利于应对当前的环境压力和挑战，减少重大环境事故，规避群体性事件；③通过建立环境污染责任保险机制，完善环境损害的民事赔偿机制，使污染受害者能够得到及时、足额的赔偿，确保社会的公平和正义；④建立环境污染责任保险机制，可以推动环保部门职能转变，形成一个多元主体共治的局面，形成一个社会齐抓共管的大格局；⑤建立环境污染责任保险机制，降低企业的环境风险，为企业的正常生产提供了有力的保障措施；⑥建立环境污染责任保险机制，推动了环保产业的发展，扩展了环保服务业的新领域。

专栏 5-1　环境污染责任保险第一个赔偿案例

环境污染责任保险的第一个案例发生在湖南株洲，由保险公司主动介入，较好地解决了后续理赔与降低企业环境风险等问题。湖南省于 2008 年开展了环境污染责任保险试点工作。在 18 家环境风险较大的企业中，株洲某农药厂于 2008 年 7 月 31 日购买了平安保险公司的污染事故责任险，投保额为 4.08 万元。9 月 28 日，在对氯化釜进行清洗时厂内突然跳闸停电，三氯化磷残渣与水反应生产的氯化氢气体泄出，污染了附近村民的菜田。农户到企业索赔，事态逐渐扩大，随后企业将情况报告给了平安保险公司。保险公司马上派人赶到现场并实地勘察，确定了保险责任。保险公司多次到周边受害村组走访，与村委会和村民座谈，逐一核实受损面积和数量。很快保险公司和农民达成赔偿协议，并且赔款如期到位。这起牵涉 120 多户村民投诉的污染事件在短短几天内就得到了妥善处理，解决了可能升级的群体性环境事件。这起案例证明，环境污染责任保险机制可以有效地维护污染受害者的合法权益，顺利化解一度激化的厂群矛盾，维护了当地的社会稳定，同时也为企业提供了和谐的社会条件，保证了企业的正常生产秩序。

（2）环境污染强制责任险助力投保企业增强风险保障能力。2013 年环境污染强制责任保险试点工作实施以来，取得了初步效果。2016 年，全国投保企业 1.44

万家次，保费 2.84 亿元；保险公司共提供风险保障金 263.73 亿元，与保费相比，相当于投保企业的风险保障能力扩大近 93 倍。参与试点的保险产品从初期的 4 个发展到目前的 20 余个，国内各主要保险公司都加入了试点工作。

（3）农业保险蓬勃发展。中国的农业保险多属于政策性保险，主要包括种植业保险、养殖业保险及气象指数保险等。2016 年，全国财政对农业保险保费补贴为 287.55 亿元。2007—2016 年，农业保险提供风险保障从 1 126 亿元增长到 2.16 万亿元，年均增速 38.83%。农业保险保费收入从 51.8 亿元增长到 417.12 亿元，增长了 7 倍；承保农作物从 2.3 亿亩增加到 17.21 亿亩，增长了 6 倍，玉米、水稻、小麦三大口粮作物承保覆盖率已超过 70%。农业保险开办区域已覆盖全国所有省份，承保农作物品种达到 211 个，基本覆盖农、林、牧、渔各个领域。农业保险保障水平从 2008 年的 3.67%增长到 2015 年的 17.69%，年均增长率达 25.24%。

5.2.2.4 碳金融

碳排放权交易启动后，碳金融市场逐步构建。①设立碳排放权交易试点。2011 年 10 月，国家发改委下发《关于开展碳排放权交易试点工作的通知》，批准在北京、天津、上海、重庆、湖北、广东和深圳 7 个省份开展碳排放权交易试点工作。②制定相关管理办法。2014 年 12 月，国家发改委发布《碳排放权交易管理暂行办法》，搭建起全国统一的碳排放权配额交易市场的基础框架，就其发展方向、思路、组织架构以及相关基础要素设计进行了系统性的规范。③准备启动全国碳市场。2016 年 1 月，国家发改委发布《关于切实做好全国碳排放权交易市场启动重点工作的通知》，为确保 2017 年启动全国碳排放权交易和实施碳排放权交易制度进行准备和动员，要求对参与全国碳市场的 8 个行业拟纳入企业的历史碳排放进行核算、报告与核查，同时开展相关的能力建设等工作。此外，为保障碳排放权交易顺利实施出台配套措施，国家也针对温室气体减排作出相关规定。2012 年 6 月，国家发改委颁布《温室气体自愿减排交易管理暂行办法》，从交易产品、交易主体、交易场所与交易规则、登记注册和监管体系等方面，对中国核证自愿减排（CCER）项目交易市场进行了详细的界定和规范；同年 10 月，国家发改委颁布配套的《温室气体自愿减排项目审定与核证指南》，明确了自愿减排项目审定与核证机构的备案要求、工作程序和报告格式。

（1）碳市场以碳排放权配额和项目减排量为主。中国碳市场主要以现货交易为主，主要是碳交易试点省份的碳排放权配额和项目减排量两类交易产品。项目减排量以核证减排量（CCER）为主，主要用于试点省份的控排机构在履约时抵消其一定比例的碳配额，还有少量用于部分机构及个人的自愿碳中和行动。

（2）碳排放权交易激增后有所回落。2016 年，全国试点省份二级市场成交碳配额现货 6 400 万 t，较 2015 年交易总量增长约 80%；交易额约 10.45 亿元，较 2015 年增长 22%。然而 2017 年上半年碳交易量和交易额却遭遇回落，其中 2017 年上半年碳交易量约 2 950 万 t，较 2016 年同比减少 2%；碳交易额约 5.38 亿元，较 2016 年同比减少10%。在几个试点省份中，湖北碳交易量和交易额最高，占比均超过 1/3（图 5-3、图 5-4）。

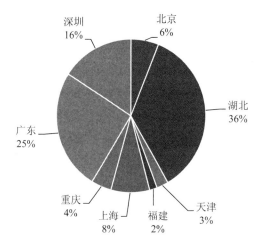

图 5-3　全国 8 省份碳交易总量占比（截至 2017 年 7 月）

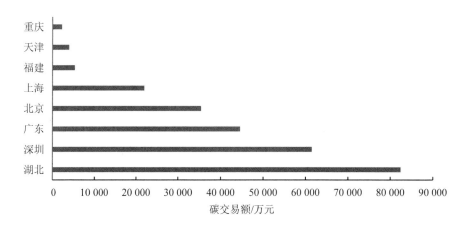

图 5-4　全国 8 省份碳交易总额排名（截至 2017 年 7 月）

（3）碳排放权交易成交均价波动较大。受履约期和控排企业冲刺履约行为等影响，各试点碳市场上线公开交易成交价格大多会在履约期冲高后滑落。其中，重庆成交均价则波动最大，近一年间最高成交均价为 47.5 元/t（2016 年 12 月 9 日），最低成交均价为 1.2 元/t（2017 年 6 月 22 日）。北京碳市场均价最高，近一年间最高成交均价为 69 元/t（2016 年 11 月 29 日），最低成交均价为 32.2 元/t（2017 年 6 月 15 日），年度成交均价基本在 50 元/t 上下浮动（图 5-5）。

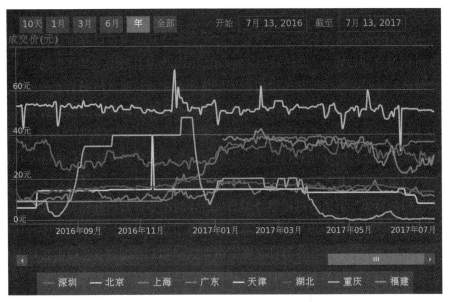

图 5-5　2016—2017 年全国试点省份碳交易价格（截至 2017 年 7 月）

（4）CCER 二级市场交易可观。根据环境保护部环境规划院《中国绿色金融政策进展报告 2016》显示，截至 2016 年 12 月 31 日，7 省份碳交易市场共成交 CCER 减排量超过 7 890 万 t。其中，北京碳市场累计成交量为 1 340 万 t，占 7 省份总量近 17%，累计成交额为 8 508 万元，成交均价为 6.35 元/t；上海碳市场累计成交量为 3 593 万 t，占成交总量的一半左右，累计成交额 3.4 亿元，成交均价为 9.49 元/t。除 CCER 外，北京市场还允许林业碳汇及节能量项目减排量作为抵消产品参与到碳交易中，截至 2016 年 12 月 31 日，北京碳市场林业碳汇累计成交量为 7.5 万 t，累计成交额为 273 万元，成交均价 36.35 元/t。

5.2.2.5 绿色基金

2016 年中国人民银行等 7 部委下发的《指导意见》中，支持设立各类绿色发展基金，实行市场化运作。中央财政整合现有节能环保等专项资金设立国家绿色发展基金；鼓励有条件的地方政府和社会资本共同发起区域性绿色发展基金；支持社会资本和国际资本设立各类民间绿色投资基金。鼓励各类绿色发展基金支持以 PPP 模式操作的相关项目。

（1）绿色基金发展势头迅猛。近年来，在政策和市场的双重带动下，我国绿色基金得到了快速发展。截至 2016 年年底，在中国基金业协会备案的 265 只节能环保、绿色基金中：股权投资基金 159 只，占比达到 60%；创业投资基金 33 只；证券投资基金 28 只；其他类型基金 45 只。

（2）地方政府争相设立地区绿色基金。政府主导的绿色基金主要分为两类：①污染治理专项基金，主要由世界银行等金融机构支持设立，较为典型的主要有天津市、浙江省和辽宁省设立的环境保护基金；②政府为主导的环保股权投资基金和环保基金，如重庆环保产业股权投资基金和内蒙古自治区环境保护基金等。内蒙古环境保护基金是内蒙古自治区政府在 2016 年同 4 家企业共同投资建立的市场化基金，母基金初始规模为 40 亿元，其中政府引导性资金 10 亿元，社会资本资金 30 亿元。资金来源主要是排污费收入、中央环保专项资金及初始排污权有偿使用和交易资金。基金主要由内蒙古环保投资公司负责管理，重点用于解决政府职责范围内的公共环境问题。此外，河北、湖北、广东、江苏、浙江、贵州、山东、陕西、重庆、安徽、河南、宁夏、云南等省份也纷纷建立起绿色基金，带动绿色投融资。

（3）绿色私募资金蓬勃发展。近年来，节能环保逐渐成为私募股权基金的热门投资领域，许多大中型企业基金积极设立绿色基金用于推动绿色产业。例如，亿利集团联合多家银行及集团组建了绿色丝绸之路股权投资基金，首期基金规模 300 亿元，2017 年计划完成 50 亿元投资，2018 年完成 100 亿元投资，致力于丝绸之路经济带生态环境改善；中国节能环保集团公司联合多家银行、保险公司、工商企业等设立了规模超过 50 亿元的绿色基金。此外，上市环保公司也积极设立绿色基金推动环保产业发展：截至 2016 年年底，有超过 35 家上市公司宣布设立环保并购基金，基金规模超过 76.62 亿元，如南方泵业设立"环保科技并购基金"、高能环境设立环保产业投资基金等。

5.2.3　绿色金融监督管理

（1）完善机构管理发展绿色金融。近年来，全国多地金融机构通过改革内部组织和管理程序，推动绿色金融的发展。①强化内部组织管理构架。多家机构制定年度绿色信贷战略发展规划，设置绿色金融部门或专业运营团队。②提高绿色信贷等业务审批流程。如建立"绿色审批"通道，精简融资项目审批流程，提升授信效率。③建立绿色信息共享平台。金融机构与环保部门签订"信息交流与共享协议"，精准细化客户环保信息。

（2）探索建立绿色信贷考评体系。为探索将绿色信贷实施成效纳入机构监管评级的具体办法，逐步完善绿色信贷考核评价体系。中国银监会研究制定的《绿色信贷实施情况关键评价指标》，对金融机构采取定性为主、定量为辅的考评方式。其中定性考评指标涉及组织管理、政策制度及能力建设、流程管理、内控管理与信息披露及监督检查等内容；定量指标主要涉及支持及限制类贷款情况、环境和社会表现、绿色信贷培训教育情况及利益相关方互动情况等。考评结果将作为银行业金融机构准入、工作人员履职评价和业务发展的重要依据。

（3）加强绿色债券募集资金的管理。中国人民银行和国家发改委均提出了一定程度的资金管理要求。中国人民银行要求发行人开立专门账户或建立专项台账，以便于跟踪募集资金投向。国家发改委的《绿色债券指引》对资金存续期的管理提出了一些要求。例如，允许企业使用不超过 50%的债券募集资金用于偿还银行贷款和补充营运资金。

5.3　存在的问题

5.3.1　绿色信贷

（1）绿色信贷贴息机制有待完善。目前，中国公共财政对绿色贷款的贴息机制尚不完善，现有贴息力度较小、范围较窄、且对于贴息标准有一定限制，贴息期限、审批流程等规定需要改进完善。地方上对于绿色贷款贴息的实际运用较少。此外，财政部门还缺乏对于专业部门（银行或银行的生态金融事业部）进行绿色贷款贴息管理的委托机制。同时，还缺乏地方专项资金，对绿色债券项下获得贷款的企业给予部分或全额贷款贴息，以鼓励企业积极申请绿色贷款，用于节能减排项目。

（2）决策过程中未综合考虑项目的环境社会风险。因为有些绿色项目也会对自然环境或人体健康产生一定的影响，目前银行在为绿色项目发放贷款时，一般只粗略测算项目可避免排放的主要污染物（如二氧化硫、氮氧化物等）排放量，未充分考虑项目的环境及社会负效益，评估结果不全面。

5.3.2　绿色债券

（1）绿色项目及企业绿色评级标准缺失。在绿色债券取得突破性进展的同时，各银行在实际发放绿色债券或信用评级机构在对企业进行绿色评级的过程中，仍然面临着诸多困难与挑战。例如，某信用评级机构在给某有色企业评级时，由于实际企业生产过程与工艺十分复杂，而又没有企业绿色评级具体的依据与标准，评级机构无法清晰识别项目分类，分类目录缺乏更加深入和专业的细化。结果是评级机构拒绝了企业的绿债认证申请，致使企业无法融资上市。可见，若没有节能环保部门配合制定相关政策，由评级机构自身力量，无法完成企业绿色评级方法的制定、绿色债券的分类界定工作。

（2）绿色债券管理体制有待加强。中国人民银行在《关于在银行间债券市场发行绿色金融债的公告》中，鼓励发行人提交独立第三方机构提供的认证评估报告，并鼓励在债券存续期间按年度出具第三方认证评估意见。然而我国绿色债券管理体制起步较晚，目前国际认证和评级机构仍占据主要市场；而国内的专业评级和第三方认证机构力量尚显薄弱。监管部门出台的绿色债券指引对第三方认证提出了相关要求。此外，国家发改委出台的《绿色债券指引》没有对募集资金的使用和后期资金流向的追踪做出相关要求。

5.3.3　绿色保险

从 2013 年至今环境污染责任保险的实施情况看，试点效果不理想，供需双方保险公司和企业参与积极性不高。我国环境责任保险制度从 2007 年开始试行，至今已经 10 多年。目前，全国大部分省份已经开展试点，覆盖涉重金属、石化、危险化学品、危险废物处置等行业，保险公司已累计为企业提供超过 1 300 亿元的风险保障金。然而 2015 年，新环保法实施后，由于这部法律中没有强制推行环境责任保险的规定，致使一些地方不敢强制企业上保险。2015 年，环保部有关部门曾对 19 个地方报送的信息进行统计，结果显示有 5 164 家企业投保，保费总额 1.5 亿元左右，责任限额 100 亿元左右。与环保法实施前的 2013 年相比，投保企业数量出现下降。产生这些问题主要是环保部门的认识还不够全面、企业的认识还存在很大的误区、一些基层政府认识过于简单、保险公司也存在一些顾虑和不正确认识。有些人认为环境污染保险工作与环保部门关系不大，还有一些人仍然习惯于依靠行政手段去管理环境，没有认识到市场手段的重要性和必要性以及市场手段的独特作用。其中主要存在如下问题：

（1）环境污染损害赔偿责任规定不明确。虽然理论上要求"污染者付费"，但法律法规未明确污染者的赔偿责任。在实际操作中，对环境污染事故的民事责任和刑事责任追究制度不甚完善，责任追究主要依靠行政处罚，而法律赋予的行政处罚额度有限。

（2）缺少实施强制性环境责任保险的法律依据。2013 年环保部和中国保监会联合发布的《关于开展环境污染强制责任保险试点工作的指导意见》，只是指导意见，并没有强制企业投保的法律效力。2015 年 1 月 1 日开始实施的《中华人民共和国环境保护法》（2014 修订版）中虽然增加了"国家鼓励投保环境污染责任险"条款，也只是鼓励而非强制。

（3）保险公司缺少承保动力和专业人才。由于缺乏强制性环境责任保险，导致保险公司无法聚集大量保单，难以有效测算事故发生概率，容易造成风险由污染企业转移到保险公司，因而保险公司不愿意承保，即使承保，也会严格限制承保范围。除此之外，环境污染责任保险的技术性太强，缺乏具有相关技术能力的人才也严重阻碍了绿色保险的推行。

5.3.4 碳金融

（1）缺乏风险监管机制。目前 7 个试点碳市场只有现货交易，缺少必要的风险管理工具和机制，尤其是较为重要的碳期货。没有风险对冲工具，会加大履约机构的市场风险，也使金融投资机构难以深度介入开展规模化交易，这也是市场流动性匮乏的深层原因之一。

（2）交易量不稳且流动性不足。试点碳市场的交易仍以履约交易为主，常常出现履约期临近时期量价齐涨、履约期过后交投清淡的市场潮汐现象。如何在非履约期激活市场，使交易活动在全年分布更均衡仍是碳市场建设的难点之一。且多数试点碳市场日常成交量都偏小，日成交量在万吨左右。较低的流动性难以吸引金融投资机构开展稳定活跃的交易，增大市场被操控的风险。

（3）各市场交易价格差异较大。价格信号不清晰缺乏未来价格预期工具。各试点碳市场碳价水平及其走势差异较大，虽然有地区发展及产业结构等的差别，但出现若干水平悬殊的碳价信号，不甚合理，且与政府预期的 200～300 元/t 碳价水平相距甚远。

5.3.5　绿色基金

（1）绿色基金仍处于起步阶段。虽然国家已出台多项相关政策和规划积极引导绿色基金的发展，但是从长期发展来看，现阶段的绿色发展基金仍处于概念性阶段，与之相关的资金渠道、投资方向、配套设施、运营管理模式等有待建立和完善。

（2）缺乏市场化机制。我国与生态文明建设相关的绿色基金主要以政策性基金为主，依靠财政资金支持，遵循行政体制内的管理制度。这些基金以政府为主导，资金主要来源于财政拨款，并纳入每年的财政预算与决算之中，为特定领域或解决突出问题提供了一定的资金支持。但由于缺乏充分的市场机制，市场灵活性较弱、再融资能力不足、资金使用效率偏低等问题仍长期存在。

（3）缺乏跨区域的绿色基金实践。现阶段，虽然一些地方政府建立了绿色基金，但跨区域的绿色基金仍然没有建立起来，导致跨区域的环境问题联防联控缺乏有效的资金支持。建立区域性绿色基金需要突破不同行政区域的体制机制障碍，着力构建区域互联互通的基金制度框架，明确基金支持的重点项目和重点领域，依托市场化运行手段和专业的金融机构，建立基金收益分配与退出保障机制，从而破解区域环境保护资金短缺难题。

5.4 政策建议

经过过去几年的迅猛发展，中国社会已经全面进入了绿色金融 2.0 时期，然而在与现有机制和市场的衔接、管理体系等方面仍存在一些问题，解决方案还有待探索，具体建议如下。

5.4.1 加强财政的激励作用

（1）对绿色金融相关产业实施税收优惠。税收减免等优惠政策可极大地鼓励绿色金融相关行业企业的绿色化转型发展。目前中国企业所得税税收优惠范围主要是国债投资者的利息收入、个人投资者持有的政策性金融债的利息收入及公募基金持有此类债券等，而对机构投资者的利息收入均征收所得税。建议对认购绿色金融债的机构投资者，取得的利息收入部分免征企业所得税。支持政策性银行加大对节能环保和绿色金融的支持力度。营业税改增值税后，对绿色金融相关机构给予增值税减免等优惠政策。

（2）完善财政支持信用担保机制。完善财政支持信用担保机制，破解绿色信贷融资难的问题。由国家财政注资成立信用担保公司，与民营资本合作共同为绿色信贷业务提供担保。财政支持设立信用担保风险补偿金，对支持绿色信贷的信用担保企业进行适当风险补偿，并通过税收优惠措施降低绿色金融信用担保机构的运行成本。

（3）完善财政对绿色信贷的贴息机制。加强财政贴息手段在节能环保中的支出，扩大财政贴息资金规模，提高财政贴息率，延长或取消现有 3 年期财政贴息期限。编制绿色信贷贴息项目清单，对符合清单的项目简化审批程序。同时可借鉴国际经验，由财政部门委托商业银行管理绿色信贷贴息制度。

（4）对绿色金融实施非税收入鼓励措施。建议综合考虑财政承受能力，对从事绿色债券、绿色信贷和绿色保险业务的机构给予相关业务监管费的优惠或减免，以鼓励推广绿色金融债业务、鼓励银行在绿色信贷业务方面的扩展，以及保险公司和从事保险中介服务的机构在绿色保险业务方面的扩展，降低绿色债券、绿色信贷和绿色保险成本。

5.4.2　加强监管的保障作用

（1）简化绿色金融项目的审批流程。由于绿色金融债券的发行需要获得中国人民银行和银监会的批准，建议对绿色金融债的审批程序由银监会和中国人民银行"先后审批"的程序改为同时"并联审批"，并给予额外的额度，提升金融机构择机选择绿债最佳发行时点的能力。

（2）加快绿色债券相关标准的制定。结合反映出的问题，加强政策协调，推动建立绿色债券的统一界定标准。金融机构应尽快联合生态环境主管部门，制定绿色债券项目分类细目的界定标准、绿色评级方法中的节能环保评判标准等相关配套政策，指导各类银行和企业评级机构等金融机构的绿债认证、绿色评级、绿色债券发行等的具体工作。

5.4.3　加强市场的推动作用

（1）充分运用市场化手段调动社会资本。市场化机制是绿色金融的重要引擎，我国各地的绿色基金实践表明市场化手段能更有效地撬动社会资本。建立基于市场化的基金，具有明确的基金投资主体和资金来源、融资担保模式、基金运营和管理机制，依托基金管理中心和托管银行管理和经营基金，能有效发挥基金的杠杆作用，撬动几倍、几十倍甚至上百倍的社会资本。

（2）充分发挥第三方力量。由获得资质的专业评级机构和第三方认证机构，利用已有的国际标准开发绿色评级工具，将环境评价纳入总信用评级中。同时建议相关行业协会支持绿色项目标准的开发，对投资者和发行人进行绿色债券标准和发行过程的培训。

（3）在绿色金融实施全过程考虑环境成本和风险。建议银行评估绿色信贷项目时，综合考虑项目潜在的环境成本效益，制定绿色项目环境成本效益分析方法与模型，为银行在绿色项目放贷时提供有力的分析工具与依据。研究机构建立环境和气候变化对绿色金融的风险评估体系，提出风险规避措施。

第 *6* 章

绿色财政政策

本章将介绍绿色财政的相关概念，并就其中的绿色财政支出、生态补偿、政府绿色采购、绿色补贴政策进行重点介绍，以环境税为主的绿色税收机制已在第 4 章介绍，本章不再重复介绍。

6.1 原理分析

财政是一个国家的理财之政，其本质在于国家为实现其职能，凭借政治权力参与部分社会产品和国民收入的分配和再分配所形成的一种特殊分配关系。如何将绿色理念融入社会产品和国民收入分配中，从而最大限度地促进一个国家的资源合理利用、生态环境保护，形成绿色的生产生活方式，则是绿色财政政策设计所需要考虑的问题。从定义上来说，绿色财政是指政府颁布实施、利于促进绿色经济发展的、一系列财政政策措施的总和，主要包括绿色财政收入、绿色财政支出（包括绿色补贴）、绿色转移支付、绿色政府采购和绿色财政管理等。

绿色财政支出是政府推动绿色产业的必要手段，是指在绿色经济条件下，政府为提供绿色公共产品和绿色服务，满足社会共同需要而进行的"绿色"财政支付。

绿色转移支付又称生态转移支付，包括纵向绿色转移支付和横向绿色转移支付：①纵向绿色转移支付是中央财政通过纵向转移开展的生态补偿，如"退耕还林"

"退耕还草""天然林保护工程"等；②横向转移支付是以生态补偿为主，即按照"谁受益，谁付费"的原则，由生态服务的受益区政府向该服务的提供区政府支付一定的财政资金，使后者提供的生态服务成本与效益基本对等，从而激励其提高生态产品或服务的有效供给水平。

绿色政府采购是政府支持资源节约、环境友好产品的重要措施[1]，是指政府采购在提高采购质量和效率的同时，应该从社会公共的环境利益出发，综合考虑政府采购的环境保护效果，采取优先采购与禁止采购等一系列政策措施，达到使企业的生产、投资和销售活动有利于环境保护的目标。

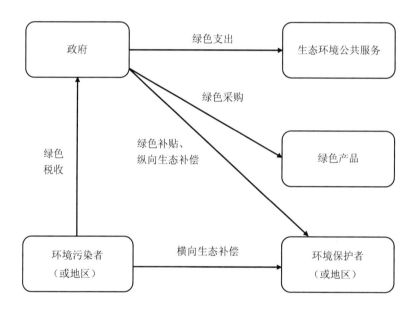

图 6-1　绿色财政政策机制示意

---

① 杨朝飞. 探索与创新：杨朝飞环境文集[M]. 北京：中国环境出版社，2013.

6.2 应用现状

6.2.1 绿色财政支出不断加大

近些年，我国在节能环保方面的财政支出不断加大。根据《中国财政年鉴》统计数据，2017 年全国节能环保财政支出金额为 5 672 亿元，相较于 2016 年上涨了 937 亿元，占全国一般公共财政支出比重的 2.79%。从 2007—2017 年全国节能环保财政支出情况（图 6-2）来看，除 2016 年节能环保支出有所降低，近 10 年来我国节能环保财政支出呈逐年增加趋势，占全国一般公共财政支出的比例也基本稳定在 2.5%左右。

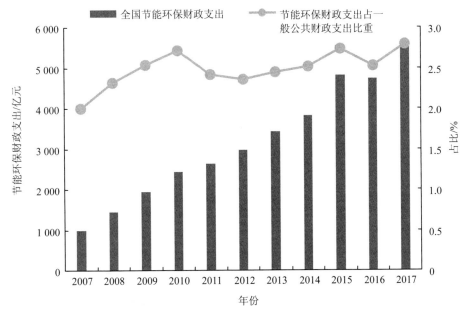

图 6-2　2007—2017 年全国节能环保财政支出情况

数据来源：《中国财政年鉴（2009—2017 年）》，财政部网站。

随着在环境污染治理领域的不断深入，在整合各类环保资金的基础上中央出台了多项专项资金。2013 年，为引导地方有效地开展江河湖泊生态环境保护工作，国家将原湖泊生态保护专项资金和"三江三湖"及松花江流域水污染防治专项资金整合成为"江河湖泊专项资金"。同年，在整合各项大气污染治理资金基础上，形成资金量为 50 亿元的专项大气污染防治资金。并且在此后两年不断增加，分别于 2014年、2015 年达到 98 亿元、106 亿元。2015 年中央财政设立了水污染防治专项资金，用于湖泊生态环境保护、辽河水环境综合整治以及应对水污染突发事件等项目，资金量为 130 亿元。2016 年，为加快山水林田湖生态保护修复，筑牢我国生态安全屏障，中央设立"山水林田湖草生态修复专项资金"（表 6-1）。

表 6-1 2001—2016 年中央环保专项资金

专项资金名称	设立时间
山水林田湖草生态修复专项资金	2016 年
水污染防治专项资金	2015 年
大气污染物减排专项资金	2013 年
重金属污染防治专项资金	2010 年
中央农村环境保护专项资金	2008 年
城镇污水处理设施配套管网以奖代补资金	2007 年
中央环境保护专项资金	2004 年
自然保护区专项资金	2001 年

6.2.2 生态补偿制度政策文件接连颁布

1997 年，国家环保局在《关于加强生态保护工作的意见》中首次在政府文件中提出"生态补偿"的概念，强调"各省、自治区、直辖市环境保护部门按照'谁开发、谁保护，谁破坏、谁恢复，谁受益、谁补偿'的方针，积极探索生态环境补偿机制。"2005 年，党的十六届五中全会中通过的《中共中央关于制定国民经济和社会发展第十一个五年规划的建议》中指出"按照'谁开发、谁保护、谁受益、谁补偿'的原则，加快建立生态补偿机制。"

自党的十八大报告明确提出建立生态补偿制度以来，有关生态补偿的政策文件接连出台。2015 年 12 月，《生态环境损害赔偿制度改革试点方案》发布，在吉林等 7 个省市开展了改革试点，取得明显成效。2017 年 12 月，《生态环境损害制度改革方案》发布，方案提出自 2018 年 1 月 1 日起，在全国试行生态环境损害赔偿制度,力争到 2020 年在全国范围内初步构建责任明确、途径畅通、技术规范、保障有力、赔偿到位、修复有效的生态环境损害赔偿制度。

在中央相关文件的框架下,各地也针对当地的实际情况在流域、草原、海洋、湿地、矿产资源、空气质量等领域积极开展生态补偿模式探索(表 6-2)。

表 6-2 有关生态补偿制度的政策文件

文件名称	时间	颁布部门	主要内容
《关于加强生态保护工作的意见》	1997 年	国家环保局	"各省、自治区、直辖市环境保护部门按照'谁开发、谁保护,谁破坏、谁恢复,谁受益、谁补偿'的方针,积极探索生态环境补偿机制"
《中共中央关于制定国民经济和社会发展第十一个五年规划的建议》	2005 年	党的十六届五中全会中通过	"按照'谁开发、谁保护,谁受益、谁补偿的原则',加快建立生态补偿机制"
国家环境保护"十二五"规划重点工作部门分工方案	2012 年 8 月 21 日	国务院	要求国家发改委、财政部、环保部等部门负责探索建立国家生态补偿专项资金,研究制定实施生态补偿条例,建立流域、重点生态功能区等生态补偿机制
《关于建立健全生态补偿机制的若干意见》(征求意见稿)	2013 年 4 月	国家发改委、财政部、国土资源部、国家林业局等	提出了建立生态补偿机制的总体思路和政策措施
关于 2013 年深化经济体制改革重点工作意见的通知	2013 年 5 月 18 日	国务院批转发国家发改委	研究制定生态补偿条例
中共中央关于全面深化改革若干重大问题的决定	2013 年 11 月 12 日	中国共产党第十八届中央委员会第三次全体会议通过	"实行资源有偿使用制度和生态补偿制度。加快自然资源及其产品价格改革,全面反映市场供求、资源稀缺程度、生态环境损害成本和修复效益。坚持'谁受益、谁补偿'原则,完善对重点生态功能区的生态补偿机制,推动地区间建立横向生态补偿制度"
《生态补偿条例》(草稿)	2014 年 2 月	国家发改委、财政部、国土资源部、水利部、环保部、林业局等	成立条例起草小组,开展立法工作

文件名称	时间	颁布部门	主要内容
《环境保护法》	2014 年 4 月 24 日	十二届全国人大常委会第八次会议表决通过	第 31 条明确规定："国家建立、健全生态保护补偿制度"
《中共中央 国务院关于加快推进生态文明建设的意见》	2015 年 3 月 24 日	国务院	"健全生态保护补偿机制。科学界定生态保护者与受益者权利义务，加快形成生态损害者赔偿、受益者付费、保护者得到合理补偿的运行机制。结合深化财税体制改革，完善转移支付制度，归并和规范现有生态保护补偿渠道，加大对重点生态功能区的转移支付力度，逐步提高其基本公共服务水平。建立地区间横向生态保护补偿机制，引导生态受益地区与保护地区之间、流域上游与下游之间，通过资金补助、产业转移、人才培训、共建园区等方式实施补偿"
《生态文明体制改革总体方案》	2015 年 9 月 11 日	国务院	"构建反映市场供求和资源稀缺程度、体现自然价值和代际补偿的资源有偿使用和生态补偿制度，着力解决自然资源及其产品价格偏低、生产开发成本低于社会成本、保护生态得不到合理回报等问题"
生态环境损害赔偿制度改革试点方案	2015 年 12 月 3 日	中共中央、国务院	2015—2017 年，选择部分省份开展生态环境损害赔偿制度改革试点。从 2018 年开始，在全国试行生态环境损害赔偿制度。到 2020 年，力争在全国范围内初步构建责任明确、途径畅通、技术规范、保障有力、赔偿到位、修复有效的生态环境损害赔偿制度
《关于健全生态保护补偿机制的意见》	2016 年 5 月 13 日	国务院	"进一步健全生态保护补偿机制。在森林、草原、湿地、荒漠、海洋、水流、耕地等重点领域推进生态补偿工作。建立稳定投入机制；完善重点生态区域补偿机制；推进横向生态保护补偿；健全配套制度体系；创新政策协同机制；结合生态保护补偿推进精准扶贫；加快推进法制建设"
《生态环境损害赔偿制度改革方案》	2017 年 12 月 17 日	中共中央、国务院	通过在全国范围内试行生态环境损害赔偿制度，进一步明确生态环境损害赔偿范围、责任主体、索赔主体、损害赔偿解决途径等，形成相应的鉴定评估管理和技术体系、资金保障和运行机制，逐步建立生态环境损害的修复和赔偿制度，加快推进生态文明建设

在中央和地方不断推行生态补偿制度的同时，国家重点功能区转移支付机制探索不断深入。自 2011 年财政部印发了关于《国家重点生态功能区转移支付办法》以来，国家对于重点生态功能区的转移支付制度进行了深入的探索。转移支付实施范围不断扩大，由 2012 年的 466 个县（市、区）扩大到了 2018 年的 819 个县（市、区）。国家重点功能区转移支付金额不断提高，由 2011 年的 300 亿元增加到了 2017 年的 627 亿元。2017 年 8 月 2 日，财政部制定了《中央对地方重点生态功能区转移支付办法》，明确了转移支付支持范围、资金分配原则、计算方式，对重点生态功能区的转移支付分配、使用和管理进行了规范。同样在 2017 年，环境保护部印发了《关于加强"十三五"国家重点生态功能区县域生态环境质量监测评价与考核工作的通知》，对"十三五"国家重点生态功能区县域生态环境质量监测评价与考核工作作出了指导，强调对国家重点生态功能区环境状况和自然生态进行全面监控和评价，并根据生态环境监测结果实施相应奖惩（图 6-3）。

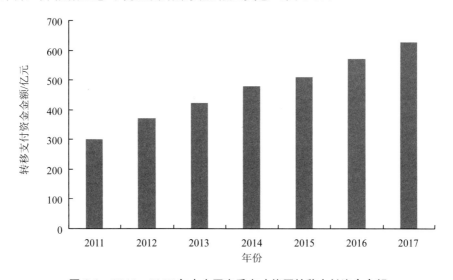

图 6-3　2011—2017 年中央国家重点功能区转移支付资金金额

6.2.3　绿色采购力度不断加强

早在 2002 年，第九届全国人民代表大会常务委员会第二十八次会议通过的《中华人民共和国政府采购法》中对绿色采购有所提及："政府采购应当有助于实现国家的经济和社会发展政策目标，包括保护环境，扶持不发达地区和少数民族地区，促进中小企业发展等。"2011 年通过的《国民经济和社会发展"十二五"规划》明确提出，推行政府绿色采购，完善强制采购制度，逐步提高节能节水产品和再生利用产品比重。此后中央政府有关部门出台了一系列政策文件来规范政府采购行为，强制要求政府基于制定的名录实施绿色采购。2017 年 1 月，国务院发布了《"十三五"节能减排综合工作方案》，要求中央国家机关、新能源汽车推广应用城市的政府部门及公共机构购买新能源汽车占当年配备更新车辆总量的比例提高到 50%以上，新建和既有停车场要配备电动汽车充电设施或预留充电设施安装条件。截至 2018 年 9 月，财政部已发布了第 24 期节能产品政府采购清单，环境标志产品种类由最初的 14 大类增加到目前的 81 大类，企业数由 81 家增加到 1 786 家。2015 年全国强制和优先采购节能、环保产品金额分别为 1 346.3 亿元、1 360 亿元，占同类产品的 71.5%和 81.5%。除不断加大政府绿色采购力度之外，企业绿色采购也成为国家关注的重点。2014 年 12 月，商务部、环境保护部、工信部联合发布《企业绿色采购指南（试行）》，来积极引导和促进企业环境保护责任，建立绿色供应链，实现绿色、低碳和循环发展，进一步推进资源节约型和环境友好型社会的建设。

6.2.4　各类绿色补贴政策接连发布

目前，我国推出了多项绿色补贴政策，涉及火电厂、新能源汽车、可再生能源发电、秸秆等方面。本节将对环保电价进行重点介绍。2006 年以来，为了鼓励燃煤电厂安装和运行脱硫、脱硝、除尘等环保设施，国家发改委先后出台了脱硫电价、脱硝电价和除尘电价等一系列环保电价政策，明确了脱硫电价加价标准为 0.015 元/kW·h，脱硝电价为 0.01 元/kW·h，除尘电价为 0.002 元/kW·h。2015 年 12 月，国家发改委、环境保护部、国家能源局联合印发《关于实行燃煤电厂超低排放电价支持政策有关问题的通知》，对经所在地省级环保部门验收合格并符合超低限值要求的燃煤发电企业给予适当的上网电价支持，推进煤炭清洁高效利用，促进节能减排和大气污染治理。截至 2017 年年底，全国已投运火电厂烟气脱硫机组容量约 9.2 亿 kW，占全国火电机组容量的 83.6%，占全国煤电机组容量的 93.9%；已投运火电厂烟气脱硝机组容量约 9.6 亿 kW，占全国火电机组容量的 87.3%；超低排放机组在全国燃煤机组中的占比超过 70%，发电量占比约为 75%。按照当前脱硫、脱硝、除尘电价补贴, 年脱硫、脱硝、除尘电价补贴将超过 1 000 亿元。

6.3 存在的问题

6.3.1 绿色支出规模相比发达国家仍有差距

尽管近些年我国节能环保财政支出不断增加对节能环保领域的投入, 但是我国节能环保支出占 GDP 的比重仍然偏低。2016 年我国环境投资总额为 9 219.8 亿元, 占当年 GDP 总量的 1.24%, 相比于西方发达国家（如美国、德国）环境保护投资占 GDP 总量 2% 来说仍有不小的差距。据国际经验, 当环境污染治理投资占 GDP 的比例达到 1%～1.5% 时, 环境污染恶化趋势可以得到遏制; 当该比例达到 2%～3% 时, 环境质量可有所改善。按照该经验, 我国环境治理投入仅仅达到遏制环境恶化趋势的水平, 尚未达到使环境质量有所改善的水平。此外, 2016 年节能环保支出在一般公共财政支出中也仅仅排在第 13 位的水平。此外, 绿色财政支出还面临着使用效率不高、部分信息不够透明等问题。

6.3.2 生态补偿制度面临多项挑战

尽管近些年国家推出了多项生态补偿政策措施, 积极推进探索建立、健全生态保护补偿制度。但是生态补偿立法方面迟迟未能有所突破, 未形成系统的法律法规体系。各领域的生态补偿政策往往相互独立, 造成在每个领域, 补偿资金的来源和使用、补偿方式、补偿范围和标准等方面均不统一。由于生态系统具有整体性, 对这些领域的保护措施有交叉重叠的地方。例如, 对水和流域的保护常常会与森林、草原、土地的保护相交叉; 对森林、草原的保护常常与湿地保护相重叠; 而自然保护区的保护则会涉及更多的生态补偿领域。生态补偿制度中主体、客体不明确, 导致生态受益者与保护者间的利益关系脱节, 保护者和受益者权责落实不到位、产权制度和主体功能区规划及配套制度不到位等问题。此外, 生态补偿涉及主管部门多样, 资金来源单一、渠道较少, 补偿方式也仅以工程项目补助为主, 未充分发挥市场机制的作用。

6.3.3 绿色采购面临挑战，制度有待完善

虽然在《中华人民共和国政府采购法》第九条中对绿色采购有所提及，指出政府采购应当有助于实现保护环境等国家的经济和社会发展政策目标，但是现有的法律对于绿色采购的适用范围、标准等具体信息均未做出明确的说明。尽管近些年有关绿色采购的政策文件不断出台，但是法律上的空白导致政府实施绿色采购的强制性不足。此外，绿色采购技术支撑不足、政府采购人员专业性不足、绿色采购成本较高等因素，使得政府绿色采购面临着种种挑战。

企业绿色采购同样面临挑战。首先，根据《2014 年中国企业绿色采购调查报告》显示，70%左右的企业认为缺乏新材料与技术支持，以及消费者绿色认知与需求不够是企业绿色采购中最主要的障碍。其次，有大约50%的企业认为缺乏企业战略的支持是绿色采购的障碍。此外，相关法规与行业标准不完善或执行不强、缺乏供应商的理解与配合、生产工艺流程的限制、缺乏新材料与技术支持等因素，也从某种程度上制约了企业的实施绿色采购。

6.3.4 绿色补贴政策面临多方面的难题

目前，我国各个领域的绿色补贴政策面临着多方面的挑战。重点问题在于如何让补贴的效果发挥到最大，使补贴真正能发挥应有的作用。以环保电价为例，尽管国家不断加大补贴力度，但是仍存在补贴标准较低、激励水平不足、补贴标准"一刀切"等问题，目前的脱硝电价仍无法满足火电厂脱硝改造成本。此外，由于不同区域、不同装机容量的燃煤机组具有不同的脱硫、脱硝、除尘成本，而当前环保综合电价采取"一刀切"的补贴方案，难以调动企业积极性。

6.4 政策建议

6.4.1 加大环境财政支出，提高绿色财政资金的使用效率

在现有节能环保投入的基础上，进一步加大节能环保财政支出。加大环境保护

投资，逐步使环境保护投资占 GDP 比重提高到 2% 的水平，为环境质量的改善提供有力的支撑。在加大投入的同时，应重点培育绿色市场，积极引导人民形成绿色生活方式和绿色消费观念。同时，应积极创新绿色转型资金的使用方式和使用效率，要逐步减少甚至取消各种 "点对点" 式直接补贴方式，充分体现市场化原则，更多地采用"拨改保""拨改投" 等间接支持方式。此外，应加快建立绿色财政专项资金扶持绿色发展的数据库及信息共享机制，增加信息的透明度。

6.4.2 加快推进生态补偿的立法工作，形成完整的生态补偿制度体系

首先应当在国务院《关于建立健全生态补偿机制的若干意见》颁布施行的基础上，加快完成"生态补偿条例"的制定工作，使当前分散于各领域实施的生态补偿政策文件逐渐统合成为国家的一项综合性生态补偿法律制度。应研究科学的生态服务价值测算方法，明确利益相关者自主协商确定补偿标准的原则，为各方面制定实施科学合理的生态补偿标准提供参考依据。同时，应加快完善生态补偿转移支付办法，探索在重点生态功能区建立生态综合补偿制度。指导协调省级地方政府有关部门，推动建立以地方为主的流域横向生态补偿制度，落实中央对跨省流域生态补偿的引导支持政策。应在碳排放权交易、排污权交易、森林碳汇交易、水权交易等方面建立市场化补偿方式。同时，研究探索通过产业合作、技术援助、人才培训、转移就业等方式实现生态补偿的有效途径。应重点突出生态补偿的效果评估制度建设，统筹考虑生态效益、社会效益和经济效益等，探索形成切实有效的生态补偿绩效评估方法。应厘清中央和地方在生态补偿中的职责，明确生态服务受益主体的补偿责任，健全生态补偿促进脱贫保障政策，推动形成转移支付、横向补偿与市场交易互为补充的生态补偿政策体系。应认真研究完善生态补偿财政转移支付办法，加强对流域上下游生态补偿工作的指导和协调，确保补偿资金能够基本弥补生态保护成本。同时，应支持有关科研机构和高等院校开展生态保护补偿科学研究工作，在政策制定中积极吸收各有关部门关于生态保护补偿的研究成果。在生态补偿国际经验的借鉴上，美国是一个市场经济发达的国家，经济手段被广泛应用与环境保护工作中，发挥了不可替代的作用，生态补偿是运用市场经济手段实施利益调整的有力杠杆，专栏 6-1 是纽约市生态补偿的案例，对水质保护取得明显成效，经验可以进行借鉴。

专栏 6-1　纽约市饮用水水源地保护生态补偿案例

纽约市上游 2 000 英亩的水域，是该市 900 万人口的重要饮用水水源地，水质优良。其污染物主要是自然污染物，包括腐殖质、微生物和沉积物等，水源地的水只有经过简单处理即可供市民直接饮用。但是在水源地及河流两岸居住着数千居民，他们在那里生活、种地、放牧、盖房、修路、开发旅游等。从发展的角度来看，如果这个水源地将来被这一地区牧民的开发活动污染了，那么纽约市就必须建造大规模的水源过滤系统（自来水厂），通过严格的水处理措施来保证饮用水安全。据测算，水源过滤系统的建设投资约为 70 亿美元，年运行费为 5 亿美元。

纽约市环保部门认为，如果水源地一旦被破坏，不仅建造过滤系统的代价过于高昂，而且仅仅这样做还不能解决所有环境问题，因此必须对水源地及河流两岸的生态缓冲带采取最严格的保护措施。纽约市政府决定，通过对上游居民给予适当生态补偿的方式，搬迁一部分居民，使他们离开生态敏感区；限制一部分居民的经济活动，以便将环境污染降低到环境容量允许的标准以内。

该市的生态补偿分为两部分：一部分补偿给为保护水源地而搬迁的居民，即按照实际的居民生活标准、土地购买费用、拆迁费用和重新就业费用给予补偿；另一方面，也是主要的一类，即对当地居民由于限制开发活动造成的直接的与间接的经济损失给予补偿。也就是说，与水源地保护相关的土地所有者，无论是政府还是个人，如果他们通过开发这片土地可以获得一定经济收益的话，都应当纳入补偿范畴，得到相应的经济补偿。

生态补偿的额度是由第三方中介组织（评估机构）计算认可的，第三方对有关补偿事项逐一核查，从而确定补偿的具体金额。生态补偿的实施不能简单依靠政府下达行政命令来完成，而是要由所有当事人（包括补偿方政府、被补偿方政府、居民、非政府组织等）平等协商同意，用协议书或合同书的形式确定下来。然后政府按照评估结果及书面协议书的要求对土地所有者给予补偿。被补偿人得到的实际补偿要比政府给予的补偿金额多，这些补偿主要来源于社会捐助者。

通过这一做法，纽约市饮用水水源地从根本上得到了很好保护，同时也大大减少了政府的费用。纽约市用于生态补偿的费用仅为 12 亿美元，比建造过滤系统节约了近 60 亿美元的投资。美国对饮用水水源地的保护非常严格，在全美 253 处重要饮用水水源地中，仅有 6 处被批准为经过简单处理即可直接饮用的，纽约的水源地就是其中之一。

6.4.3　加快有关绿色采购的法律修订，积极开拓绿色消费市场

国家应启动研究绿色采购相关法律的修订工作，对政府绿色采购中的重要问题做出明确规定。在法律的框架下完善绿色采购制度，积极引导地方根据自己的实际情况制定相应的法规。与此同时，国家应大力扶植节能环保新材料的研发以及技术开发工作，为政府和企业的绿色采购提供技术支撑。引导和支持企业利用"大众创业、万众创新"平台，加大对绿色产品研发、设计和制造的投入，增加绿色产品和服务的有效供给，不断提高产品和服务的资源环境效益。做好绿色技术储备，加快先进技术成果转化应用。同时，应加大宣传力度，提高消费者的绿色认识，培育绿色消费市场。加大新能源汽车推广力度，加快电动汽车充电基础设施建设。组织实施"以旧换新"试点，推广再制造发动机、变速箱，建立健全对消费者的激励机制。实施绿色建材生产和应用行动计划，推广使用节能门窗、建筑垃圾再生产品等绿色建材和环保装修材料。推广环境标志产品，鼓励使用低挥发性有机物含量的涂料、干洗剂，引导使用低氨、低挥发性有机污染物排放的农药、化肥。鼓励选购节水龙头、节水马桶、节水洗衣机等节水产品。

第7章

环境保护综合名录

本章主要阐述了我国环境保护综合名录的制定及其政策应用的情况，分析了环境保护综合名录产生的影响以及其存在的问题，并提出了相关政策建议。

7.1 原理分析

由于西方国家工业的领先发展，造成环境严重污染的问题日益凸显。20 世纪 60 年代初，西方国家开始积极协调经济与环境的平衡发展，致力于遵循经济发展与环境保护并重、治理环境的同时控制污染的原则，将环境污染治理由"先污染后治理"的末端治理理念转变为源头治理理念，并取得了良好效果。

在经济发展的时代需求下，我国"高耗能、高污染和资源性"（以下简称"两高一资"）行业蓬勃发展了近 20 年，使得我国整体经济水平均取得了长足的进步。然而，这些行业大多以消耗大量的、不可再生的资源为代价而获得的利润，从而带来了诸多的资源与环境问题。对于"两高一资"行业来说，我国的大部分产品都是用作出口，而其他国家却将大部分产品甚至是限制发展的产业产品，向我国大规模地转移，"产品出口国外，污染留在国内"的现象已成为常态。直到 21 世纪初期，环境资源大量的消耗以及不断增大的环境压力反作用于经济，使得经济的可持续增长受到限制。我国才陆续出台了一些抑制"两高一资"行业的相关政策，限制或禁止高污染、高能耗、消耗资源性外资项目准入，而对于能够缓解中国"两高一资"

发展的,如发展循环经济、清洁生产、可再生能源和生态环境保护等方面,则明确鼓励和支持。

2006 年 10 月,国家的经济结构进入了新一轮的调整时期,根据国务院要求,由国家发改委牵头,包括环保总局在内,共有 6 个部委一起研究控制"两高一资"产品出口的政策。环保总局政法司经过研究,建议在上报国务院的请示中,增加上"由环保总局会同有关部门制定高污染、高环境风险产品名录,建立控制'两高一资'产品出口的政策体系"的内容。这条建议得到了 6 个部门的一致认可。多位国务院领导同志批复同意了这个请示,"双高"产品名录工作正式启动,这就是环境保护综合名录的起源。我国"双高"产品名录的制定工作开始于 2007 年。其中:"高污染"产品,是指产品生产过程中产污系数高、排污量大,或者是其污染物在现今的环保技术水平下难以治理或无害化处理成本高的产品,以及所排废物含有对环境和人体健康危害严重的物质的产品;"高环境风险"产品,是指生产、运输、储存、使用的过程中,非正常情况下由于原料、中间体和产品本身的易燃易爆、有毒有害特性,易发生污染事故,并且事故发生后对自然环境和人体健康危害严重的产品,或者其使用易造成重大环境破坏和污染问题的产品。

2008 年 2 月,环保总局发布了第 1 批《高污染、高环境风险产品名录(2008年)》,并向财政部、国家税务总局建议取消出口退税,禁止这类产品加工贸易。后来,随着名录工作的深入发展,行业协会和一些企业对此项工作提出了更高的要求。从 2009 年开始,根据行业协会的建议,开始将采用对同一种产品的不同生产工艺进行区分,按照对环境影响的程度,分为重污染工艺和环境友好工艺,同时增加了环境友好产品、环境保护专用设备等方面名录的制定。2010 年,根据我国调整经济结构的要求,环保部将《高污染、高环境风险产品名录》调整成为《环境经济政策配套综合名录》。综合配套名录中包含了 4 个部分,分别是《重污染工艺与环境友好工艺名录》《污染减排重点环保设备名录》《高污染、高环境风险名录》及针对名录建议采取的相关政策措施。2012 年,环保部又将《环境经济政策配套综合名录》调整为《环境保护综合名录》。综合名录主要包含两大部分:一部分是限制类名录(即"双高"产品名录和重污染工艺名录);另一部分是鼓励类名录(即环境友好工艺名录和环境友好产品名录)。

我国许多环境污染和风险问题,都是在投资和生产这些源头环节形成的。《环境保护综合名录》,旨在引导社会和企业将环保要求融入投资和生产环节的市场决策。编制环境保护综合名录，就是通过对产品、工艺、设备进行深入分析、科学论证，来反映其对环境的影响，通过有差别化的政策，将资源稀缺程度和生态价值内化为企业内部成本，强化企业的生态环境责任。综合名录的发布，除了服务于企业，还将有利于提高社会组织和公众在环境保护工作中的参与程度。通过综合名录的指引作用，公众可以更便捷地对产品进行"双高"特性识别，进而有选择性地减少购买"双高"产品；同时，通过建议国家有关部门采取差别化的经济政策和市场监管政策，遏制"双高"产品的生产、消费和出口，鼓励企业采用环境友好工艺，逐步降低重污染工艺的权重，加大环境保护专用设备投资，达到以环境保护倒逼技术升级、优化经济结构的目的。社会组织和公众也可以借助综合名录的专业性指引，不断加强对企业生产经营及排污等行为的监督力度。

7.2　应用现状

7.2.1　支持宏观决策

制定《环境保护综合名录》是环保部门和产业部门参与国家宏观调控、参与政策决策的重要渠道，同时也是环保与产业、经贸部门联合行动的有益尝试。目前，《环境保护综合名录》已经成为国家经济政策、市场监管政策制定或者调整的重要环保依据。

7.2.1.1　产业政策方面

国家发改委制定《产业结构调整指导目录（2011 年本）》时，直接将 150 余项"双高"产品纳入淘汰类、限制类条目，对其他"双高"产品或者其重污染生产工艺也在相关条目中间接引述。在明确对污染贡献最大的行业和工艺后，通过出台限制、禁止"双高"产品加工贸易的产业政策，有助于将污染控制的着力点从污染末端治理移至项目立项和再生产过程之中。

7.2.1.2　贸易政策方面

环保部门与经济、贸易部门联合行动，通过降低或者取消目录上产品的出口退税率，对污染危害特别严重的产品考虑征收其出口关税，以限制出口的方式来控制以牺牲环境为代价的出口行为，提高"双高"产品的生产成本，有助于将环境与资源成本的"外部效应"内部化，遏制"双高"产品大量生产和出口造成的国内环境损害。目前，财政部、商务部已经针对 400 余种"双高"产品，取消出口退税、禁止加工贸易。

7.2.1.3　财税政策方面

财政部出台的"资源综合利用产品和劳务增值税优惠"政策，明确要求享受优惠的前提是"销售综合利用产品和劳务，不属于环境保护部《环境保护综合名录》中的'高污染、高环境风险'产品或者重污染工艺"。除此之外，《环境保护综合名录》中的许多环保设备，被纳入财政部牵头修订并已上报国务院的《环境保护专用设备企业所得税优惠目录（2017 年版）》。这一系列政策与优惠措施有利于鼓励和引导企业投资治污，促进环保产业发展。

7.2.1.4　信贷政策方面

目前，银监会及多地银监部门每年向银行机构转发《环境保护综合名录》，许多银行机构严格限制对"双高"产品生产企业的授信管理。金融部门将"双高"名录作为绿色信资政策的决策依据之一。利用"双高"名录，把名录作为环保数据库中的一块内容纳入企业信用信息基础数据库，金融机构在审查所属企业流动资金贷款申请时，对于列入"双高"目录的企业，可以考虑严格控制贷款，达到控制污染企业的信贷和防范信贷风险的目的。

7.2.1.5　安全监管政策方面

《环境保护综合名录》描述了重点产品监管要点等基础情况，已成为环保部门制定差别化环境监管政策的重要依据。从实践角度来看，产品是制定差别化环境监管政策与市场监管政策、建立跨主体环境成本合理负担机制的最恰当主体[①]。安监总局牵头推动修订的《危险化学品目录（2015 年版）》直接引述部分"双高"产品；安监总局多次转发《环境保护综合名录》，作为制定和调整安全生产监管政策的依据。

7.2.2　服务环境管理

《环境保护综合名录》在服务环保领域中心工作方面，也逐渐发挥了应有作用。

---

① 李晓亮，葛察忠. 环保新常态下环境保护综合名录工作的定位与重点探究[J]. 中国环境管理，2017，9（5）：25-30.

7.2.2.1 环境责任保险制度改革方面

生态环境部和保监会联合提请国务院审定的《环境污染强制责任保险制度方案（送审稿）》中，初步将"双高"产品生产企业，纳入应当投保环境污染强制责任保险的范围。对"双高"中出现的产品优先投保，达到规避环境风险，减少环境污染事故的目的。

7.2.2.2 环境影响评价政策方面

《环境保护综合名录》可以作为环评等环境管理手段的对象。环评机构在对项目拟建设之前进行的环境影响评价中，可以利用"双高"产品名录，若新建项目为"双高"名录上的产品或工艺，可以考虑严格限制其批准或者禁止其批准通过。目前，江苏、四川等多地环境评估中心曾致电环境规划院，提出当地拟将《环境保护综合名录》作为差别化环评审批的参考依据，严格限制"双高"产品生产项目的环保准入。

7.2.2.3 日常管理方面

地方政府可以利用"双高"名录来严格限制生产名录上产品的企业进地方投资设厂；对于已经投产的生产"双高"产品的企业应加强监管力度，定期进行环保监察、督查，督促企业完善环保设施，增强安全生产防范意识，有条件的政府对生产"双高"产品的企业给予技术和资金上的支持，帮助企业更新工艺或者转产。

7.2.3 引导市场转型

《环境保护综合名录》具有一定的"政策导向"作用。产品、工艺、设备是经济发展、产业结构调整、技术进步的主要载体与表征指标，是环境保护综合决策的重要内容，综合名录通过区分产品、工艺和设备的环境绩效，为环境保护介入政策导向建立了固定的工作平台和机制。因此，《环境保护综合名录》有助于引导市场主体强化环保投资、加快绿色转型、降低环境代价。

7.2.3.1 行业协会方面

部分行业根据《环境保护综合名录》，研究制定行业自律指南或措施，推动企业加快产业升级和环保改造。例如，发制品行业协会专门制定《中国发制品行业协调管理办法》；人造板行业协会根据《环境保护综合名录》规定的环保指标要求，编制发布《人造板甲醛释放限量》团体标准等。

7.2.3.2 社会公众方面

随着我国公众环境保护意识的提高，全社会对产品本身及生产过程中的环境危害、环境风险更加关注，绿色消费倒逼绿色生产的趋势越来越明显。《环境保护综合名录》的发布实质上是信息手段的一种应用，如同企业或者产品的"黑名单"，对投资决策者、产品的销售和使用者以及生产企业周边社区居民等利益相关方会造成较大的辐射影响作用，同时也使公众能够了解产品的毒性和危险性，提示和引导公众减少这些产品的使用，从而推动市场的绿色转型。

7.3 存在的问题

目前，名录工作取得了一定的成绩，但是由于名录工作对象是"产品"，对其研究涉及环境污染、环境风险、污染治理、行业发展等多种因素，错综复杂，因而在方法体系、成果的覆盖面、政策应用等方面还存在一些不足。

7.3.1 名录方法体系仍有待完善

名录工作领域的广度和深度在逐步拓展，名录的判定方法体系和成效评估方法体系仍有欠缺，目前开发的仍多为通用型的方法，缺乏针对重点行业、重点环境问题和重点区域开发的针对性更强的名录制定方法，名录编制的基础数据的可获得性与准确性仍有欠缺，上述均对提高名录工作科学性产生了制约。

7.3.2 名录的成果仍然不够丰富

名录应用的"需求"与编制质量的"供给"间矛盾日益突出。随着名录工作地位提高、影响扩大、范围拓宽、应用深入，名录现有的研究方法和工作成果，越来越不能满足国家各项相关工作对名录的需求和要求，具体体现在：①覆盖面仍不够广，很多行业最主要、最大宗的产品仍未纳入进来，也仍有部分重点行业名录还没有涉及，同时，名录以往较多地关注了基础原材料类产品，对终端消费品关注不够，这也是拓展名录覆盖面的一个着力点；②研究不深，对部分重点产品和工艺的论述、对政策建议、对转型成效评估均研究不足，显著制约了部分名录成果的政策应用。

7.3.3 政策应用的针对性和有效性仍然有待提高

目前，名录成果应用较预期仍有一定局限性，①对各项环保重点工作支持的针对性和力度，仍有待进一步加强；②很多重要的环境政策和经济政策工具，名录成果还没有介入进来、提供技术支持；③已经参考名录成果的许多相关政策，名录在为其提供进一步、更精确的服务和支持时，遇到了不少的障碍，如贸易管理是基于税则号、基于产品的，而名录工作基于环境污染程度不同提出来的工艺区分被直接应用在贸易领域就有难度。

7.4 政策建议

7.4.1 推动《环境保护综合名录》服务地方环保管理

一方面，制定与发布环保综合名录手册。在以往名录工作机制重"双高"定性的基础上，深入分析"双高"产品的污染节点、治理难点和监管重点，重点分析行业概况、集中区域、生产工艺与物耗水平、污染产生与治理、环境风险、治理技术、治理成本等方面问题，作为地方环保部门环保执法和政策制定的依据与参考。另一方面，将地方环保部门管理的需求，作为《环境保护综合名录》制定中新的"目标导向"。通过组织召开片会，征求部分区域环保部门对《环境保护综合名录》制定和实施的意见和建议，同时计划邀请地方环保部门参与《环境保护综合名录》的制定。

7.4.2 进一步提升名录制定工作的科学性与规范性

首先，夯实名录制定方法体系的共同技术基础。参考国际各要素优先控制污染物筛选结果，结合国内相关产业情况与污染情况，综合考虑污染物产生排放量、污染物危害、污染物来源等因素，提出名录优先关注的污染物清单；细化提出产品环境代价、生态占用理论等的基于实物量、价值量的计算方法体系，以及清晰、科学的名录判定指标标准体系。其次，提升名录制定方法体系的区域化、个性化和精细化水平。开展基于最大日负荷量模型（TMDL）的区域性"双高"名录制定方法与实证研究，构建小区域内基于典型污染物环境容量的重点行业承载规模及其行业组合的测算方法体系，为制定区域内基于环境容量和资源承载力的产业准入标准与规范提供技术基础。

7.4.3　组织开展部分重点产品专题调研

对于生产量、销售量或者出口量较大的"大宗产品"，逐一对产品开展专题调研，并就是否应当将这些"大宗产品"纳入《环境保护综合名录》，向部分行业协会征求意见。形成《部分"大宗产品"环境损害成本分析》报告后，再行论证是否纳入《环境保护综合名录》。并针对高污染、高环境风险，同时生产量、销售量或者出口量较大的"大宗产品"，建立稳定、长效的调研论证机制，从而进一步提高名录编制工作的科学性和经济性。

7.4.4　提升名录工作与其他领域相关管理制度的融合性与协同性

首先，加强与国家基础统计制度的融合衔接。与国家产业统计、环境统计、污染源普查等基础统计制度进行统合衔接，将基于产品的统计融入上述统计制度的基础分类与编码、基表参数、工作机制等方面，形成产品口径、环保导向的标准化的工具书。其次，加强与国家产品管理相关制度的融合衔接。汇总整理国家针对于各个行业、各种产品从产品设计、产品准入、生产管理、使用销售、回收利用等方面的各种制度与要求，建立起与国家规范的产品管理制度相结合的"双高"产品全过程管理机制。

7.4.5　尝试探索独立的产品环境管理制度

首先，建立全覆盖的产品环境绩效区分与标识制度。基于国家统计局《统计上使用的产品分类目录》和质检总局《全国主要产品分类代码》中列举数万种国民经济中生产与流通的产品清单，参考产品能效标识体系，开发产品当期污染指数、产品累积污染指数、产品污染潜力指数等，探索建立覆盖全部污染物、覆盖所有产品的环境绩效标识体系。其次，建立基于产品环境绩效标识体系的绿色产供销一体化政策机制。以市场经济流通主体——产品为主体和切入点，基于产品环境绩效标示体系，突破传统的以厂界内污染治理为主的管理方式，建立起覆盖资源性产品、中间产品、终端消费品在内，覆盖企业和消费者等主体，包含绿色采购与绿色消费在内的绿色供销政策机制和绿色产销网络，探索建立起产品导向、环境成本合理分担的环境管理新模式。

第 *8* 章
有利于环境保护的商业模式

本章首先对商业模式的概念和功能进行分析，列举出有利于环境保护的商业模式。随后对这些商业模式的应用现状进行分析，找出不同模式存在的问题，并提出相应的政策建议。最后对不同商业模式的具体实践案例进行了列举研究。

8.1 原理分析

8.1.1 商业模式的概念

8.1.1.1 概念

早在 1939 年，熊彼特（Schumpeter）就指出："价格和产出的竞争并不重要，重要的是来自新商业、新技术、新供应源和新的商业模式竞争。"著名的管理学大师德鲁克（Drucker Peter，1994）也明确指出，现代企业的竞争不是不同产品之间的竞争，而是商业模式的竞争。20 世纪 90 年代，随着新经济特别是互联网和电子商务的发展，商业模式进入公众和学界的视线，被时代赋予了新的意义和使命。

商业模式是一种包含了一系列要素及其关系的概念性工具，用以阐明某个特定实体的商业逻辑。它描述了企业所能为客户提供的价值以及企业的内部结构、合作伙伴网络和关系资本等借以实现这一价值并产生可持续盈利收入的要素。一个商业模式，是对一个组织如何行使其功能的描述，是对其主要活动的提纲挈领的概括。它定义了公司的用户、产品和服务。它还提供了有关公司如何组织以及创收和盈利的信息。商业模式与公司战略一起，主导了公司的主要决策。商业模式还描述了公司的产品、服务、用户市场及业务流程。

商业模式是指为了实现客户价值最大化，把能使企业运行的内外各要素整合起来，形成一个完整的、高效率的具有独特核心竞争力的运行系统，并通过提供产品和服务实现持续盈利的整体解决方案。此外，国内外学者也从不同的角度对商业行为进行了定义。李东（2010）认为，商业模式可以视为一种规则。魏炜（2012）认为，商业模式可以视为一种交易结构。Timmers（1998）认为，商业模式是一种产品、服务和信息流的架构，包括不同业务参与者及他们角色的描述，不同业务参与者潜在利益的描述，收入来源的描述。Magretta（2002）认为，商业模式是解释企业如何运作的故事，一个好的商业模式回答了德鲁克的经典问题：谁是顾客，顾客认同什么价值？

8.1.1.2 商业模式与市场机制的关系

为了支撑商业模式创新和发展，需要构建合理而灵活的市场体系，设计相应的配套机制。市场机制是通过市场竞争配置资源的方式，即资源在市场上通过自由竞争与自由交换来实现配置的机制，也是价值规律的实现形式。具体来说，它是指市场机制体内的供求、价格、竞争、风险等要素之间互相联系及作用机理。市场机制主要包括供求机制、价格机制、竞争机制和风险机制。市场机制政策主要依靠"市场的力量"约束污染者的行为方式，对其行为方式选择产生间接的影响。市场机制具有较低的成本、较高的灵活性，良好的环境效果而受到推广。

要使市场机制发挥作用，应具备以下基本条件：①规范的市场主体、投资者、经营者、劳动者以及消费者等市场主体都能够在法律规范下从事各类活动。例如，作为公司的各市场主体都能够在法律框架下成立与运作，如《公司法》就是规范市场主体的。②完善的市场体系，建立并完善健全的商品市场、技术市场、劳动力市场、金融资本市场、信息市场等。③规范的市场运行规则，通过大量的法律法规的制定来规范市场中的各种行为，如《消费者保护法》《价格法》《反不正当竞争法》等都是规范市场运行的。④有效的宏观调控体系，市场经济体制固然有它的优点，但是也不可避免有它的缺点和失灵的时候，这时候就需要政府通过行政的、财政的、税收的、法律的手段来对市场运行进行调控，以弥补市场自我调节的不足。市场经济说到底是法治经济，需要我们不断完善法律法规，并在法治的轨道上发挥市场的作用，才会促进经济持续发展。

8.1.2　商业模式的功能

商业模式最大的功能就是可以将新技术商品化，从而为企业和客户创造价值。Chesbrough 和 Rosenbloom（2002）通过大量的案例分析，发现施乐公司的成长，部分原因是采用了一个可以将技术商品化的高效商业模式。同时还发现企业倾向于对适合其商业模式的技术进行投入。企业价值的创造可以通过商业模式的革新来实现。根据 Hamel（2000）的研究，企业要想在创新时代中生存，必须构建一个能在一个价值网络（包括供应商、合作伙伴、分销渠道和联盟等资源）中进行价值创造和价值获取的系统商业模式，钱志新（2007）把商业模式比作黑匣子，左端输入的是资源，右边输出的是价值。他认为成功的商业模式在于以有限的资源为基础，实现价值最大化，商业模式就是企业价值转化机制。

商业模式在提高企业绩效和核心竞争力上发挥了很大作用。Afuah 和 Tucci（2000）提出，商业模式是企业提升企业绩效和保持核心竞争力的一个系统构造。Teece（2010）指出，企业可以通过商业模式使公司的整套系统、流程、资本运作差异化而难以模仿，从而使企业获得竞争优势。Casadesus-Masanell 和 Ricart（2010）进一步发现，一套好的商业模式可以使企业在营运过程中不断积累关键资产和资源，并形成良性循环（virtuous cycles），从而提高企业绩效。孙永波（2011）认为，商业模式创新是企业竞争优势的驱动力。程愚等（2012）认为，以生产技术创新为主题和以经营方法创新为主题的商业模式，是我国企业谋求竞争优势的两种主流商业模式。因此，商业模式具有如下 6 个功能：①清晰地说明价值主张，即说明基于技术的产品为用户创造的价值；②确定市场分割，即确定技术针对的用户群；③定义公司内部的价值链结构，来生产和经销产品；④在一定的价值主张和价值链结构下，评估生产产品的成本结构和利润潜力；⑤描述价值网中连接供应商和顾客的公司位置，包括潜在进入者和竞争者；⑥制定竞争策略，创新性的公司将通过此策略获得和保持竞争优势。

8.1.3　有利于环境保护的商业模式

近年来在国家政策的推动下,环保行业出现了一些新型的商业模式,在大气污染治理、水治理、生态治理的环保治理项目中得到了应用,获得了企业、客户及政府部门的好评。在这些商业模式里,有 PPP 模式、合同能源管理模式、合同环境服务模式、联盟众筹模式、资产支持证券化融资模式、环境污染第三方治理模式、政府绿色采购以及自愿协议等。

我国环保产业形成的初期由政府掌控工程和服务阶段,典型商业模式有设备提供模式。随着污染进一步恶化,政府开始向市场开放工程建设环节,典型商业模式有 EPC(工程总承包)模式。EPC 是指服务商承担系统的规划设计、土建施工、设备采购、设备安装、系统调试、试运行,并对建设工程的质量、安全、工期、造价全面负责,最后将系统整体移交客户运行的模式。环保服务商只负责工程建设,不负责投资,自有资金占用少,并通过工程服务费获得收入。随着大量的治污工程建成,政府需要治污设施的专业运营服务,另外,新的治污设施建设也需要大量资金投入,政府需要吸引民间资本进入环保领域,这时环保产业进入以投资运营为核心的产业发展阶段,典型商业模式有 BOT(投资建设—运营—转让)、TOT(投资收购—运营—转让)模式等。BOT 是政府部门就某个基础设施项目与私人企业(项目公司)签订特许权协议,授予签约方的私人企业(包括外国企业)来承担该项目的投资、融资、建设和维护,在协议规定的运营期限内,许可其融资建设和经营特定的公用基础设施,并准许其通过向用户收取费用或出售产品以清偿贷款,回收投资并赚取利润。在特许期结束后,将该所有权转至政府部门。该模式对私人企业(环保服务商)的资金实力和融资能力要求高。TOT 指当地政府或企业把已经建好投产运营的项目,有偿转让给投资方经营,一次性从投资方获得资金,与投资方签订特许经营协议,在协议期限内,投资方通过经营获得收益,协议期满后,投资方再将该项目无偿移交给当地政府管理。EPC 向 BOT、TOT 等模式转变将增加企业附加值,改变以往重建设轻运营的局面。

在环保新政策、新举措推动下,环保行业总体规模正逐步扩大,各种市场化治污模式也在不断创新和探索之中。目前,我国部分环保企业正在向综合环境服务商转型,形成集投融资、设备集成、工程建设、运营乃至最后环境效果的负责于一体,具有强大的投融资能力、综合的技术集成能力、良好的企业品牌及相应的规模。

合同能源管理（EMC）是指节能服务公司通过与客户签订节能服务合同，利用资金、设备和技术为客户企业提供节能改造的相关服务，并从节能效益中收回投资和获取利润的一种商业模式。合同环境服务模式拟仿照合同能源管理模式，在环保领域引入合同环境服务概念，针对的是环保问题，而合同能源管理针对的是节能问题。合同环境服务模式以实现具体环境效果为目标，为环境保护、污染防治提供总体的系统解决方案；以环境服务总包为出口，可以涵盖咨询服务、评估设计、专业运营管理、工程服务以及相关联的投资等产业单元。合同环境服务模式按实际取得的环境效果付费，可以为政府减轻行政负担；环境服务企业所获收益与效果相关，激励其采用先进技术，提高运作效率，实现资源的有效配置；具有强大的资源整合能力，实现环保产业由单产业链向全产业链的发展。然而，合同环境服务"按效果付费"在实操层面还不够完善，实施中存在着价值目标缺位、客体范围模糊、评判标准认定等问题，特别是标准的认定，如服务效果评定、标准的统一性和针对性等方面。

PPP 即公私合营模式，世界银行对于 PPP 模式的定义是由私营部门同政府之间达成的长期合同，提供公共资产和服务，由私营部门承担主要风险以及管理责任，且根据绩效成绩来获得回报。该模式具有伙伴关系、利益共享、风险分担等主要特点，并渐渐成为行业的主流模式。PPP 模式让环保公司有机会引入地方政府、产业资本、金融资本等多方共同投资环保项目，PPP 模式的投融资构架是改变了传统产业生态链上环保企业的业务的开展模式，有各种形式的 PPP 产业投资基金在表外作为投资主体后，PPP 项目公司再去获得金融机构贷款投资 PPP 项目，同时环保企业做项目工程、技术解决方案和实现产品销售。目前中国 PPP 项目较为常用的运作方式有 BOT、BOO、TOT 等。

环境污染第三方治理模式也获得实质性推进，该模式是指污染排放者以直接或间接付费的方式将产生的污染有偿委托给专业化环保企业按照环境标准进行治理，并与环保监管部门共同监督治理结果的环境污染治理模式。环境污染第三方治理可以推进环境污染治理的专业化，排污企业的环保成本和效率都有所改善。排污企业治污责任通过合同方式向环境服务公司转移和集中，环保部门的监管对象大为减少，相应的执法成本也将大幅降低，将更有利于环境监管。

尽管目前价格机制、回报的资金收益的路径和机制、税收、监管政策等问题还在探索阶段，但随着模式进一步完善、政府职能转变、健全政策法规、优化制度设计，PPP 模式、第三方治理模式将成为环保产业的主流商业模式。本章选取目前发展比较广泛的 PPP 模式和环境污染第三方治理模式、融资租赁模式和资产支持证券化融资模式进行了重点分析。

8.2 应用现状

8.2.1 环境保护 PPP 机制

8.2.1.1 概念

PPP 模式，即 Public-Private-Partnership 的英文字母缩写。目前世界各国、各组织对 PPP 的定义也各有千秋。除上述世界银行对于 PPP 模式的定义外，联合国发展计划署定义 PPP 为"公司部门在合作的前提下，集中力量，发挥自己独特的优势来建设大型公共项目"。欧盟委员会将 PPP 定义为"政府与私人部门的伙伴关系，双方各自发挥优势、分担风险来提供过去归属于政府职责的基础设施和公共服务"。

2014 年 3 月召开的全国人大第十二届二次会议审议通过的《关于 2013 年中央和地方预算执行情况与 2014 年中央和地方预算草案的报告》对于 PPP 给出了如下定义：PPP 模式即政府与社会资本合作模式，指政府与社会资本为提供公共产品或服务而建立的"全过程"合作关系，以授予特许经营权为基础，以利益共享和风险共担为特征，通过引入市场竞争和激励约束机制，发挥双方优势，提高公共产品或服务的质量和供给效率。由该定义可知，政府在 PPP 模式中参与全过程的经营，而且可以将部分政府责任以特许经营权方式转移到私人组织，政府与私人组织组成"利益共享、风险共担、全程合作"的共同体，政府的财政负担减轻，私人组织的投资风险减小。

根据上述定义，本书将 PPP 项目的参与主体分成三方（图 8-1），一方为项目私人参与者，其主要职责是与政府有关部门签署协议，协调各参与主体的行为，以达到各自预定的目标；一方为项目所在国政府的有关机构，其职责是对政府发布的各项政策和指导方针进行解释和运用，以形成具体目标；还有一方就是项目所在国政府，其主要职责是对项目的建设和运营过程中的各参与主体进行指导和约束，通过制定一系列政策、目标和实施策略对项目进行宏观调控。

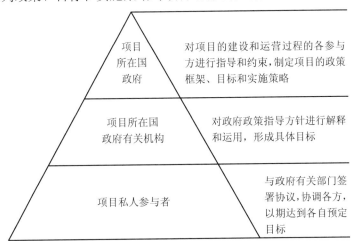

图 8-1 PPP 模式中各参与方及其地位职能

PPP 模式在中国已经发展了几十年，但在环境领域算是较新的融资渠道。与传统 PPP 模式不同的是，环境保护 PPP 模式具有以下几个特点：①公益性强，环境具有公共物品特性，环境保护项目的收费机制、资金投入的回报机制与渠道还需要完善。②复杂性，环境保护领域面广、项目类型多，涉及水、大气、土壤、噪声、生态保护等多个介质与要素。不同类型的项目其环境标准与实施技术路线均存在较大差异，且资金来源和投资回报也较为复杂和不固定。③技术性强，环保 PPP 项目投资、运行管理等受工艺技术影响较大，技术的专业化程度较高。环保 PPP 项目要充分考虑其特点，要结合项目实际及预期环境目标下推行 PPP 模式，选择经济可行的技术路线。

8.2.1.2 国际应用现状

20 世纪 80 年代，公私部门合作伙伴关系在英国首次出现并得到推广，此后在美国、加拿大、法国、德国、西班牙、澳大利亚、新西兰、日本等主要西方国家得到广泛响应，并得到了进一步的应用。目前，西方国家对于 PPP 模式的应用已进入相对成熟的阶段。

以英国为例，PPP 模式广泛应用于交通、卫生、公共安全、国防、教育以及公共不动产管理等领域的工程项目。该国实施的 PPP 包括两大类，一类是特许经营，由使用者付费，这种方式较少使用；另一类是私人融资计划，由政府购买服务，这种方式为英国 PPP 的主流模式。政府部门支付的费用可能是固定的，或者以可变动的方式计算。①

澳大利亚对于 PPP 模式没有中央层次的政府机构统一监管，各个州县按照自身特点独立实施。在国家层面，政府部门中的澳大利亚基础设施局，负责制定全国基础设施发展规划，并且发布相关法规、通知。经过不断发展完善，该国 PPP 模式已经应用到国防、交通、医疗卫生、司法监狱、娱乐设施等多个领域。

加拿大针对 PPP 模式的管理机构是加拿大 PPP 中心，该中心内部运行有着明确的分工，可以最大限度地识别和控制风险，并制定有效的战略规划。政府部门对 PPP 模式的支持举措主要是建立了 PPP 项目合作基金，基金会通过对上报的项目进行审查，选择符合条件的项目提供资金支持，并且根据 PPP 项目分类，对不同领域设立不同的子基金。目前，PPP 模式全面应用于加拿大经济基础设施、社会基础设施、绿色基础设施等领域。②

8.2.1.3 国内应用现状

当前我国 PPP 模式主要投向了如下领域：燃气、供电、供水、污水及垃圾处理等市政设施项目；公路、铁路、机场、城市轨道交通等交通设施项目；医疗、旅游、教育培训、养老等公共服务项目；水利、资源环境、生态保护；新型城镇化试点项目；以及符合国家政策规定的其他项目，等等。目前我国环保领域的资金来源主要是财政收入和银行贷款，社会资本参与度有待提高。而 PPP 模式能够将各类社会资本引入环保产业的建设与经营的全过程，一方面拓宽资金来源，分散政府的资金风险，促进环保产业投资主体的多元化发展；另一方面，私人部门为了追求特许经营期和特许经营权内利益最大化，会在建设过程中引入先进的技术手段和管理模式，从而提升环保设施的运转效率。已运用 PPP 模式的环保产业领域则主要集中在煤电火力发电项目、市政污水处理、城市固体垃圾焚烧处理、危险废物处理等收益相对较高且较为稳定的投资项目。环保市场人士认为，环保项目较低的运营成本和较大的市场规模都为环保 PPP 模式的推广提供了得天独厚的发展条件。另外，环保产业巨大的市场也为 PPP 发展带来了契机，如当下热门的 PPP 模式在公共服务领域引入社会资本的同时也在倒逼环保产业进行改革。

2016 年以来，PPP 推广进入落地攻坚阶段，与往年相比，政策层的思路开始

---

① 李赢楠. 中国推进 PPP 模式的制度障碍及对策研究[D]. 吉林：吉林大学，2016.
② 同①。

发生变化。2016 年 10 月 12 日，财政部网站发布了《关于在公共服务领域深入推进政府和社会资本合作工作的通知》（以下简称《通知》），其进一步推动了环保 PPP 项目的建设和发展。《通知》中提出，在中央财政给予支持的公共服务领域，可根据行业特点和成熟度，探索开展两个"强制"试点。细化到行业层面即在垃圾处理、污水处理等公共服务领域，该领域内项目一般有现金流，市场化程度较高，PPP 模式运用较为广泛，操作相对成熟。此外，各地新建项目要"强制"应用 PPP 模式。随着政府支持力度增加，以及更多企业超越项目门槛，能够在风险可控范围内享受优质 PPP 项目带来现金流、盈利能力方面的优势，环保 PPP 项目将受到政府、企业和社会资本更多的青睐。2017 年 4 月 25 日，国家发改委印发《政府和社会资本合作（PPP）项目专项债券发行指引》（发改办财金〔2017〕730 号）规定："PPP 项目专项债券"是指，由 PPP 项目公司或社会资本方发行，募集资金主要用于以特许经营、能源、交通运输、水利、环境购买服务等 PPP 形式开展项目建设、运营的企业债券。现阶段支持重点为：能源、交通运输、水利、环境保护、农业、林业、科技、保障性安居工程、医疗、卫生、养老、教育、文化等传统基础设施和公共服务领域的项目。该指引的出台有助于更好地吸引社会资本参与环保 PPP 项目建设，对推动环保 PPP 项目的发展具有重要作用。

根据财政部政府和社会资本合作中心发布的数据，截至 2018 年 12 月末，全国入库项目 8 654 个，总投资额 13.2 万亿元。从区域分布来看，PPP 项目不再集中在某几个省份，发展更加均衡。从行业度分布来看，管理库累计项目总数前三位是市政工程、交通运输、生态建设和环境保护，分别为 3 381 个、1 236 个、827 个。累计投资额前三位是市政工程、交通运输、城镇综合开发，分别为 4 万亿、3.8 万亿元、1.8 万亿元。公共交通、供排水、生态建设和环境保护、水利建设、可再生能源、教育、科技、文化、养老、医疗、林业、旅游等多个领域 PPP 项目都具有推动经济结构绿色低碳化的作用。按该口径，2018 年污染防治与绿色低碳项目累计 4 766 个、投资额 4.7 万亿元，分别占管理库的 55.1%、35.8%；其中落地项目 2 521 个、投资额 2.5 万亿元。

表 8-1 表明，环保 PPP 项目的省级分布差异较大。数量最多的属广东省，共有 93 个环保项目入库，总投资额为 404.13 亿元，数量最少的为宁夏回族自治区，共有 1 个项目入库，总投资额为 10.46 亿元。

表 8-1　2018 年环保 PPP 项目地域分布

省份	项目数	投资总额/亿元	项目平均投资额/亿元
黑龙江	3	7.68	2.56
广西	10	123.52	12.35
甘肃	7	29.98	4.28
宁夏	1	10.46	10.46
浙江	10	71.84	7.18
陕西	14	114.23	8.16
广东	93	404.13	4.35
新疆	4	146.23	36.56
云南	27	325.85	12.07
重庆	4	26.11	6.53
辽宁	5	56.38	11.28
内蒙古	2	1.73	0.87
山东	25	257.18	10.29
福建	6	69.96	11.66
四川	16	146.23	9.14
贵州	32	259.26	8.10
吉林	15	606.39	40.43
江西	14	215.39	15.39
安徽	35	166.65	4.76
江苏	11	164.85	14.99
北京	3	5.78	1.93
河南	52	580.04	11.15
湖北	36	661.80	18.38
河北	14	164.02	11.72
湖南	6	37.79	6.30
山西	21	93.07	4.43
总计	466	4 746.55	10.97

数据来源：http://www.goepe.com/news/detail-381064.html。

　　2017年以来，空气污染治理、水污染防治和土壤修复类环保领域的扶持政策密集出台，在利好效应的带动下，环保 PPP 项目将进入加速释放期。2016 年 12 月，国家发展改革委员会发布了《关于推进传统基础设施领域政府和社会资本合作（PPP）项目资产证券化相关工作的通知》（发改投资〔2016〕2698 号）的法律文件，标志着 PPP 投资模式的资产证券化（ABS，指通过结构性重组，将缺乏流动性但具有未来现金流收入的资产构成的资产池转变为可以在金融市场上出售和流通的证券）在部分行业里实施的大幕已经拉开。随着南京城建污水处理等企业资产证券化产品的发行，资产证券化开始在水电、基础设施建设、环境保护产业等行业试水。2017 年 2 月 22 日，国家发改委公布消息称，截至目前，各地区共上报首批"PPP 资产证券化"示范项目共 41 单，其中污水垃圾处理项目 21 单，公路交通项目 11 单，城市供热、园区基础设施、地下综合管廊、公共停车场等项目 7 单，能源项目 2 单。2017 年年底，财政部和国资委接连发布《关于规范政府和社会资本合作（PPP）综合信息平台项目库管理的通知》《关于加强中央企业 PPP 业务风险管控的通知》两个文件，对 PPP 项目进行了进一步规范，并对央企 PPP 业务风险管控作出了明确要求。

《关于规范政府和社会资本合作（PPP）综合信息平台项目库管理的通知》中明确指出"未防止 PPP 异化为新的融资平台，坚决遏制隐形债务风险增量""各级财政部门要统一认识，及时纠正 PPP 泛化滥用现象，进一步推进 PPP 规范管理；按项目所处阶段将项目库分为项目储备清单和项目管理库；严格项目管理库入库标准和管理要求。"对于存在不适宜采用 PPP 模式实施、前期准备工作不到位、未建立按效付费机制 3 种情况的项目一律不得入库。对于已经入库，但存在以下几种情况的，进行集中清理：①存在不适宜采用 PPP 模式实施；②前期准备工作不到位；③未按规定开展"两个论证"；④不宜继续采用 PPP 模式实施；⑤不符合规范运作要求；⑥构成违法违规举债担保；⑦未按规定进行信息公开。国资委《关于加强中央企业 PPP 业务风险管控的通知》则对于央企 PPP 业务风险管控提出了六项要求：①坚持战略引领，强化集团管控；②严格准入条件，提高项目质量；③严格规模控制，防止推高债务风险；④优化合作安排，实现风险共担；⑤规范会计核算，准确反映 PPP 业务状况；⑥严肃责任追究，防范违规经营投资行为。

这两个文件的出台，对于之前鱼龙混杂的 PPP 项目进行了有效管控和清理。可以预见，未来环保类 PPP 项目将遭遇越来越严格的审核。

8.2.2 环境污染第三方治理

环境污染第三方治理（以下简称"第三方治理"）是排污者通过缴纳或按合同约定支付费用，委托环境服务公司进行污染治理的新模式。从国际上发达国家的经验来看，建成一个高效、高质、可持续的第三方治理市场体系，将有效提升环境污染治理效率和专业化水平，切实推动环境质量的持续改善。党的十八届三中全会明确提出要大力推行第三方治理。2014 年，国务院下发《关于推行环境污染第三方治理的意见》（国办发〔2014〕69 号）。2015 年 12 月 31 日，国家发改委、环保部、能源局联合下发《关于在燃煤电厂推行环境污染第三方治理的指导意见》。2017 年环保部发布《关于推进环境污染第三方治理的实施意见》（环规财函〔2017〕172 号），对第三方治理的推行工作提出了总体指导和要求，并提出了专业化意见。全国各地纷纷出台第三方治理模式的政策和意见，希望通过推行环境污染治理综合服务采购，提高环境污染治理效率和水平，为环境质量改善提供支撑。推行第三方治理已是大势所趋、势在必行。

各地在城镇污水、垃圾处理，工业企业除尘、脱硫、脱硝、废水处理，污染源在线监测等领域引入第三方运营，政府购买环境服务[1]和企业购买环境服务[2]逐步得到认同，第三方治理市场正在逐步发育。

8.2.3　环保产业融资租赁模式

融资租赁作为一种以物为载体的新型融资方式，是指实质上转移与资产所有权有关的全部或绝大部分风险和报酬的租赁。资产的所有权最终可以转移，也可以不转移。在环保产业以中小企业为主、资金短缺、融资需求大的背景下，融资租赁有着低门槛以及表外融资特性，成为适用于环保产业的重要融资工具。目前，以国银租赁、兴业租赁、华融租赁、交银租赁等为代表，融资租赁业务逐渐向节能环保产业拓展，如在垃圾处理、水处理、管网及环境综合治理等分领域中得到了应用。

随着近期国家水污染防治法的相关修改决定，环保企业迫切需要技术和设备升级。而融资租赁业务以环保设备为基础，以其门槛低、无抵押、放款快、成本低的优势，缓解环保中小企业的融资压力。拓宽节能环保企业在转型升级中产生的大量设备更新、技术升级改造的融资渠道。还可以用设备未来的盈利来偿还租金，极大地促进环保项目的开展和实施。利用环保设备撬动资本，实现互相促进

---

[1] 政府购买环境服务是政府以签订合同的形式委托第三方治污企业治理其区域范围内的某项环境污染问题或者针对所有环境污染问题提供综合服务。

[2] 企业购买环境服务则是排污企业以签订合同的形式委托第三方治污企业治理其环境污染问题。

协同发展的效果。

8.2.4　资产支持证券化融资模式

资产证券化是以特定资产组合或特定现金流为支持，发行可交易证券的一种新型的企业资产融资方式，其可以很好地满足环保企业发展需求。环保行业通过资产证券化方式融资发展将显著提升行业资金回报水平。中国经济进入新常态、利率市场化改革的背景下，金融资本投资回报率在下降，这使得市场关注起具备稳定收益特征的环保公用类项目。2015 年 4 月连续出台的《特许经营管理办法》和《水污染防治 PPP 实施意见》中，政策性鼓励公用事业类项目进行结构化融资，发行项目收益票据和资产支持票据。2016 年证监会表示支持鼓励绿色环保产业相关项目通过资产证券化方式融资发展。对于现金流入中包含中央财政补贴的可再生能源发电、节能减排技术改造、能源清洁化利用、新能源汽车及配套设施建设、绿色节能建筑等领域的项目现金流中来自按照国家统一政策标准发放的中央财政补贴部分（包括价格补贴），可纳入资产证券化的基础资产。

环保行业凭借稳定的现金流和回报率非常适宜资产证券化，将进入资产证券化时代，资产证券化的杠杆效应将显著提升行业回报水平，提高资金使用效率。

8.3　存在的问题

8.3.1　环境保护 PPP 机制

PPP 模式进入中国以来，其如火如荼的发展趋势并不能掩盖在这个过程中面临的一些问题，如公私产品混淆、交易主体无效、供求主体时空分离、消费者与付费者不对应等问题。与发达国家相比，我国市场机制发展尚不健全，环境法律保障体系还不完善，虽然 PPP 模式在城市污水处理、固体废物处理领域都有成功运用的案例，但 PPP 模式在环保产业应用过程中存在的诸如环保项目质量不高、招标程序及文件的公正性和合理性弱、重建轻运、边界划分不科学、地方政府融资及偿债能力风险大以及契约精神不强等问题仍不容忽视。以下就环保 PPP 项目存在的主要问题进行具体说明。

8.3.1.1　环保项目与 PPP 的低兼容性造成的问题

部分地方环保基础设施项目前期准备严重不足,边界条件不清晰。项目土地、规划、可行性研究论证、物有所值评价和财政承受能力论证报告等沦为形式虚设,项目风险管控难度较大。表现为部分项目招标文件不具有执行性和可操作性。前期招投标耗时长、手续费高,合同周期长,可能造成灵活性不足和不确定性风险高等问题,从而导致社会资本投资积极性不高。

8.3.1.2　法律变更带来的风险

PPP 项目涉及的法律法规比较多,而现阶段我国有关 PPP 项目的法律法规还不完善,当前还没有权威性的法律出台,仅颁布了相关的管理办法、指导意见和决定。环保领域的法律也在不断的完善,对各项指标的要求也在不断提高。而新法律的采纳、颁布,旧法律的修订和重新阐释往往会导致项目的合法性、合理性,以及产品或服务的达标性等情况发生变化,从而损害项目的正常建设和运营,更有甚者会导致项目的中止和失败。例如,江苏省某污水处理厂采用 BOT 模式,该项目原计划在 2002 年开工,但当年 9 月,国务院颁布了《国务院办公厅关于妥善处理现有保证外方投资固定回报项目有关问题的通知》,对固定回报项目提出了相关处理原则。该规定导致项目公司被迫与政府就投资回报率进行重新谈判。

8.3.1.3　政府信用缺失带来的风险

PPP 模式虽然追求的是公私两部门的双赢,追求的是合作伙伴关系,但社会资本对政府诚信的仍有担忧。这也是部分民资不热衷于 PPP 模式的原因之一。政府不履行或者拒绝履行项目协议约定的责任和义务,就会给项目带来严重的危害,损害私人部门的利益。例如,在青岛—威立雅光大污水处理项目中,当地政府对项目的态度频繁转变,并在签约后因签订的价格偏高又单方面要求重新谈判,要求降低承诺价格;又如在长春汇津污水处理厂项目中,该项目 2000 年年底投产后正常运行。但在 2003 年 2 月 28 日,政府废止了当初指定的管理办法,导致实施机构停止向合作公司支付任何污水处理费,并最终导致项目失败,2005 年 8 月以长春市政府回购结束了这一项目。

8.3.1.4　招标程序及文件的公正性和合理性弱造成的问题

招投标流程设置不合理,有的项目安装工程施工和监理招标,与勘查、设计、土建等项目招标分属不同部门,增加了制度性的交易成本。有的项目招标文件条款具有明显的倾向性，评标方法设置不科学。某些地方在拟定环保项目标书评审指标及评分标准时，将"注册资本金"等作为评标因素来衡量投标企业规模和实力，忽视了环境专业技能的要求。评价标准非常片面并缺乏科学合理性，且与环境治理需求没有直接联系，导致与资产体量大但环保业务占比极小的企业竞争时，多年专注环保业务的大部分企业整体处于劣势，明显歧视并侵犯了注册资本金较少的环保企业的正当合法权益。例如，广东揭阳市绿源垃圾处理与资源利用厂 PPP 项目，竞争性磋商文件中设置了"欧盟等发达国家"的加分项，引起了为特定企业"量身设置"的争议。

8.3.1.5 项目建设施工周期过长造成的问题

由于我国 PPP 项目都是大型污水处理处理厂、固体废物处理厂，项目的建设施工期都是比较长的。而在具体的项目建设上，常常出现施工延期的现象。这将直接导致工程经营期的缩短，减少工程回报，影响项目的质量和效率，严重的可能导致项目夭折。

8.3.1.6 项目处理工艺滞后造成的问题

在具体实践中，一些项目公司为了降低成本，减少投资，会选择比较低端的技术工艺，这就可能影响以后的运行稳定性，不利于运行费用的降低和日后的维护。此外，随着人们对环境保护要求的逐步提高，国家标准也将不断提高，现有的工艺设施很可能不符合国家的新标准。

8.3.1.7 项目建设重建轻运造成的问题

环保产业链上下游环节利益分配失衡，部分建筑类企业中标环保项目后，在工程建设阶段获得高额利润，挤压了环境设施后期运营的合理必要成本。项目工程重建轻运，导致环保设施运营类项目及企业回报率下降，项目能否实现预期的环境功能还存在较大风险。防范部分低效低质环境项目可能带来的环境风险，需要相关部门加强环境监测和监管。

8.3.1.8 项目边界划分不科学造成的问题

我国推进环保类 PPP 项目，多以县域行政范围为单位进行项目招标，而这种以行政区域为自然边界的划分方式，不利于开展综合性环境整治，也忽视了环境技术的适用性和资源条件的差异。例如，垃圾焚烧垃圾处理规模小会导致经济性低且环境风险加大。而国外很多地区通过建设垃圾处理中心，将生活垃圾经过高效分选后，热值低的无机物填埋或资源化处理，热值高的有机物制成垃圾衍生燃料（RDF）

后集中处理，兼顾了无害化处理和资源化利用。

8.3.2 环境污染第三方治理

8.3.2.1 政府受传统思想束缚过多干预第三方治理

推行第三方治理面临的首要问题是如何选择第三方。在第三方实践中，除排污企业自由选择第三方治污企业的模式外，还存在另外一种模式——强制选择。强制选择模式在我国官方文件中也有过规定，环境保护部《关于环保系统进一步推动环保产业发展的指导意见》（环发〔2011〕36 号）指出，"对环境保护设施经监督性监测或检查发现多次超标或情节严重的，可开展行政代执行试点，交由具备资质的第三方专业机构运营"。《关于推行环境污染第三方治理的意见》（国办发〔2014〕69 号）提出"选择若干有条件地区的高污染、高环境风险行业，对因污染物超过排放标准或总量控制要求，被环境保护主管部门责令限制生产、停产整治且拒不自行治理污染的企业，列出企业清单向社会公布，督促相关企业在规定期限内委托环境服务公司进行污染治理"。北京市人民政府办公厅《关于推行环境污染第三方治理的实施意见》（京政办发〔2015〕53 号）规定，"对连续 2 年因违法排污行为被行政执法部门责令限制生产、停工、停产整治、停业的排污单位，督促其实施限期第三方治理，确保排放达标"。在贵州省调研中，发现政府部门也有强力推行第三方治理的做法，如对"六个一律"环保"利剑"执法专项行动挂牌督办中的贵州东峰矿业集团有限公司，要求"督促半坡矿山矿井废水处理设施通过环保验收，实施第三方治理"。

在这些情况下，第三方治理是一种行政代执行，对于排污企业具有一定约束力，留给排污企业自由选择第三方的空间比较小。第三方治理模式是一种市场化机制，应以自由选择模式为主。换言之，在第三方的选择过程中，应充分发挥市场的决定性作用，政府应以"监管者"的角色监督排污企业以达标排放为目的，不干预或尽量少干预排污企业的治污过程，要合理界定政府行为的界限。不能在环境压力日益增大的情况下，盲目寻求创新，"运动式"推行或无差别地强制性推行第三方治理，或者以市场化之名，行行政干预之实。

8.3.2.2 现行法律体系未明确第三方治理的法律责任

从调研情况来看，大多数排污企业认为既然已经将污染交由第三方治理，如果出现排污不达标的情况，理应由第三方治污企业承担相关责任；但是，根据现行法律法规，地方环保局认为排污企业是污染治理的职能主体，依法应对排污企业追责，以防发生环境污染事故。此外，在合同谈判、争议问题解决方面也无法可依，对于排污企业来说，如果将环境污染交由第三方治污企业来治理，则相当于给对方留了"后门"，一旦第三方治污企业不按合同履行义务，排污企业将面临排污不达标，造成经济损失的风险；对造成重大环境污染事故的，还可能承担刑事责任，这也是许多排污企业不愿意选择第三方进行环境治理的重要原因之一。

现有法律体系对"排污企业和第三方治污企业谁来承担法律责任问题"没有给予明确规定，地方在实践过程中只能"摸着石头过河"。2015 年 1 月 1 日开始施行《环境保护法》规定了损害担责原则，即损害者要为其造成的损害承担责任。当企业事业单位和其他生产经营者因污染环境、破坏生态造成损害时，应当依照《中华人民共和国侵权责任法》（以下简称《侵权责任法》）的有关规定承担侵权责任；此外，法律还规定了相应的行政责任和刑事责任。具体落实方面，则通过"三同时"等制度，以排污企业为责任主体开展污染治理。在这样的法律体系下，传统治理模式是排污企业全程负责污染治理设施的建设、运营，是污染治理的最终责任方，承担自身出现超标排放、污染事故等情况时的法律及相关经济责任。

然而传统治理模式发展到第三方治理模式后，第三方治污企业的介入使得法律责任的承担问题复杂化了：污染排放企业通过与环境服务企业签订委托治理合同的方式，付费并将污染治理工作全部或部分交由第三方，此时经治理后的污染物排入环境所造成的后果应如何承担？是由委托治理并支付一定费用的污染排放企业承担，还是由接受委托并提供环境服务的治理企业承担？

《环境保护法》仅明确了从事防治污染设施维护、运营的机构在有关服务活动中弄虚作假，对造成的环境污染和生态破坏负有责任时的法律责任承担，对于其他情形则没有规定。国务院办公厅发布的《关于推行环境污染第三方治理的意见》指出，"排污企业承担污染治理的主体责任，第三方治污企业按照有关法律法规和标准以及排污企业的委托要求，承担约定的污染治理责任"。《关于在燃煤电厂推行环境污染第三方治理的指导意见》（发改环资〔2015〕3191 号）中关于污染治理责任的规定是，"燃煤电厂承担污染治理的主体责任；环境服务公司按照有关法律法规以及合同要求，承担约定的污染治理责任。双方按照责任归属原则对所造成的违反法律法规要求的行为依法承担责任。环境服务公司在第三方治理过程中弄虚作假，除依照有关法律法规规定及合同要求承担责任外，对造成环境污染和生态破坏负有责任的，还应依法承担连带责任"；就经济责任，规定"因燃煤电厂和环境服务公司双方或单方责任，造成发电机组停运、出力受阻，设备和人身事故，环境事件（超标排放、违反排污许可规定等），被政府通报和处罚等后果，燃煤电厂和环境服务公司依照法律法规以及签订的合同要求，由责任方承担相应责任。按国家或地方政府有关规定扣减的环保电价、增收的排污费及其他经济处罚，由责任方按照合同约定承担"。其他省市则围绕着上述规定，对第三方治理中的责任承担进行细化，或是将《环境保护法》和《侵权责任法》的相关内容再次明确。然而，在民事侵权理论中，并不存在"主体责任"的说法，而各规定也没有对该词的具体含义作出解释，这必将对其在实践中的可操作性产生不利影响。

可能出现以下情形：①如果由环境治理企业担责的话，会有对第三方治理认识不足的嫌疑，因为其仅认定第三方是污染者。但是实践当中，存在第三方仅提供治理服务而治理后的污染物由委托企业排放的情形，如污染排放企业将污水治理设施委托给环境服务公司进行维护、运行，同时治理后的污水仍从污染排放企业的排污口排出。②如果由污染排放企业担责的话，会出现一些自相矛盾，在现行的环境法律制度下，第三方治理确实应遵循损害担责原则，但是当第三方为治理后的排污者并造成了事实上的损害时，若按照污染排放企业担责，仍由污染排放企业承担责任，反而是对损害担责原则的违背。③如果采用了"主体责任"的说法，认为排污企业应当承担污染治理的主体责任，同时在与环境治理企业合同框架下的污染物的履约排放（所排放污染物种类、强度等）以及对第三方的监督管理等方面负有责任。环境治理企业承担合同约定范围内的污染治理责任，如污染治理、达标排放等，但是目前"主体责任"的内涵并不明确，这直接减损了可操作性。

因此，法律责任如何承担一定程度上抑制了环境污染第三方治理产业发展。

8.3.2.3 第三方治理给环境监管带来新挑战

有效杜绝偷排偷放是第三方治理市场发育的基础和底线，如果这条底线守不住，建立第三方市场就无从谈起。对于企业购买环境服务模式而言，如果参与第三方治理的双方（排污企业和第三方治污企业）都能遵守环保法规和合同约定的情况，治理任务集中至第三方治污企业，并且排污企业与治污企业之间的相关监督制约，可有效控制单方违规违法排污行为发生，减少环保部门的监管任务，降低监管成本。但是，如果参与双方均不能很好地履行相应的义务，容易造成相互推诿责任，在这种情况下，环保部门既要监管排污企业，又要对第三方治污企业实施常态化监管，监管对象由排污企业一方变成排污企业和第三方治污企业两方，反而加大了环保部门原本监管的工作量，并增加了监管工作的复杂性（图 8-2）。以贵州省为例，各地有各地的做法，各地监管对象存在不统一现象，有的监管排污企业，有的监管第三方治污企业，如仁怀市就是依据治污合同，环保部门监管对象为第三方治污企业。但是，在北京市调研中，发现从事第三方治污企业很多只是在北京市注册成立公司，但实际的治污业务不在北京市域发生，北京市监管部门难以掌握治污企业的经营行为状况；贵州省也表示，不清楚哪些治污企业进入贵州省，导致无法监管第三方治污企业。

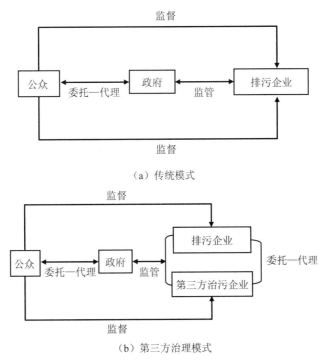

（a）传统模式

（b）第三方治理模式

图 8-2　传统治理模式和第三方治理模式的监管对比分析

8.3.2.4　第三方治理与有关环境管理制度不协调

在上海、贵州等地座谈中发现第三方治理模式与现有环境管理制度之间存在不衔接的问题。例如，打破了现在环保"三同时"制度的要求。"三同时"制度是我国环保领域中具有独创性的一项基本管理制度。根据《环境保护法》第 41 条规定：

"建设项目中防治污染的设施，应当与主体工程同时设计、同时施工、同时投产使用。防治污染的设施应当符合经批准的环境影响评价文件的要求，不得擅自拆除或者闲置。"这意味着在现有立法规定下，建设项目可行性论证和合格验收如若想获得顺利通过，其防治污染的配套设施就必须成为其项目建设的必要组成部分。

如此，则与第三方治理所追求的治理专业化、社会成本最小化、效益最大化的理念不符甚至相悖。因为对于以工业企业为责任主体的第三方治污两种模式，即"委托治理服务"型和"托管运营服务"型，其中的"委托治理服务"模式①意味着排污与治污的分离，项目建设与污染治理设施建设可以由排污企业和第三方治污企业分开建设，企业可以依据自身的情形做出衡量，其污染治理问题若完全交给具有专业化、社会化管理经验的污染治理主体来处理，或许能节省较多的建设资金，以获得自身更大的发展，从而实现社会效益优化。

因此，按照现有管理方式，"委托治理服务"模式不能保证建设项目竣工环保验收工作顺利开展。

8.3.2.5　第三方治污企业监管体系有待完善

为了贯彻落实《关于取消和下放一批行政审批项目的决定》（国发〔2014〕5号）文件精神，2014年7月4日环境保护部决定对2012年4月30日发布的《环境污染治理设施运营资质许可管理办法》（环保部令　第20号）予以废止，这意味着从行政审批角度降低了污染治理专业企业进入相关业务领域的门槛，也就是说任何企业均可以进入第三方治理市场，客观上促进了第三方治理的发展。但是，目前我国环境污染治理产业总体尚处于发展阶段，龙头企业及综合实力较强的专业企业数量较少，排污企业选取委托合作方时缺乏有效的判断依据。同时，我国环境服务业整体处于快速发展时期，中小型环境服务公司的技术及环境管理水平参差不齐，部分企业以降低环境治理标准为代价，刻意压低环境服务价格以抢占市场，污染企业选取委托合作方时缺乏有效的判断依据，低质低价中标屡见不鲜，扰乱和破坏了行业秩序，不利于国内环境服务市场的健康发展。

---

① "委托治理服务"型是指排污企业以签订治理合同的方式，委托第三方治污企业对新建、扩建的污染治理设施进行融资建设、运营管理、维护及升级改造，并按照合同约定支付污染治理费用。

8.3.3 环保产业融资租赁模式

8.3.3.1 部分地方政府的履约能力低

污水、固废等环保项目属于市政公用领域，对于这类项目，融资租赁公司除审核承租人（环保企业）的能力外，地方政府的财政支付能力也是租赁公司重点考虑的问题。但从现阶段来看，地方政府普遍拥有高负债，使租赁公司怀疑其履约能力。

8.3.3.2 环保项目设计量远大于实际运行量

融资租赁重点以环保企业的现金流为考核依据，但目前由于各种原因，部分环保项目的设计量远超过实际运作量，这就造成项目现金流达不到预期，偿债能力较弱。

8.3.3.3 环保企业集中度低

当前环保企业多为民营企业，具有量多但规模小的特点，符合租赁公司准入条件的企业数量相对较少。虽然融资租赁模式不以公司的全部资产和信用为支持，但规模太小的企业诚然存在信用缺陷和实力缺陷，对于资本市场来说依然不是理想客户。目前环保领域的融资租赁业务主要在上市公司或者上市公司做担保的子公司中开展。

8.3.3.4 环保行业盈利能力偏低

据计算，环保企业的盈利能力偏低，回报率一般为 10% 左右，融资租赁的融资成本为 7%～9%。对于环保企业的融资租赁成本偏高。

8.3.3.5 缺少相关政策支撑

我国的融资租赁仍处于发展的初级阶段，市场仍存在较多问题，如缺乏相应的税收支持、法律不完善、《合同法》以及《物权法》等定义解释已落后、市场准入标准杂乱等问题。

8.3.4 资产支持证券化融资模式

8.3.4.1 缺少有效的政策法律支持

资产证券化在环保产业还是一个较新的领域，市场制度以及环境存在很多方面的缺陷和不足，这阻碍了资产证券化的正常运转，需要国家或政府部门的政策支持。

目前我国的资产证券化正处于试点阶段，正规的法律还没有出台，都是针对试点公布的规定，关于资产证券化的法律法规缺失。相应的监管体系也未形成，我国基础法规制度建设落后于市场发展步伐，没有相应法规作后盾，很难规范市场主体行为，投资者合法权益难得到真正的保障。

8.3.4.2 绿色资产支持证券的融资规模不匹配问题

现阶段国内绿色能源项目规模普遍偏小，但出于人力成本等因素考虑，服务商、承销商等中介机构在进行实际的资产证券化运作时，更倾向于运作具有一定规模的融资项目。目前的资产证券化项目原始权益人多为国电电力、中国节能环保集团等大型国企，或者金风科技、凯迪电力等各行业龙头企业。2016 年 9 只以绿色能源为基础资产的资产支持证券产品的发行规模均超过 5 亿元，其中 4 只发行规模超过 10 亿元。

绿色能源行业为重资产行业，对于持有大量绿色能源电站资产、信誉度较高的国有企业来说，本身就能够轻易从银行贷款。而由于资产支持证券产品期限通常较短，目前最长仅以未来 5 年收益为基础资产进行证券化融资，同一绿色项目的资产证券化融资规模有可能会低于银行贷款规模，与传统的信贷融资相比并不具备融资规模优势。

8.3.4.3 资产证券化项目的融资成本依然较高

从初始成本和发行利率两个方面进行分析，资产证券化项目的初始成本相对固定，但是受到原始权益人的信誉度、资产属性和资产规模大小等多方面影响，各个项目的发行利率差异较大。

受项目融资规模较小、绿色能源项目未来收益不确定等因素影响，投资者对其资产支持证券产品的信心不足，缺乏购买动力，与本身信誉度较高的商业银行发起的、以信贷为基础资产的资产证券化项目相比，绿色能源企业的资产证券化产品利率较高，不具备成本优势。

绿色能源行业的急需资金的大部分中小企业，难以通过资产证券化融资获得低成本的资金。

8.3.4.4 项目风险及不确定性

按照规定，资产证券化项目的基础资产收益权应当权属清晰，不得存在已被抵押、与他人共有等各种权属争议因素。

目前的绿色资产证券化示范项目多集中于央企或者行业龙头民营企业，但是目前我国绿色项目原始权益人有很大一部分为民营企业和中小企业,这些企业在项目建设初期就存在较的资金压力,原始权益人或许在项目前期就已经采用抵押担保、融资租赁等融资方式,造成原始权益人使用这些项目的收益权进行绿色资产证券化再融资时可能会存在权属不清晰等不合规风险。

另外,绿色能源资产证券化项目容易受到诸多不确定性因素的影响,造成其现金流不确定、项目收益低于预期的风险。

8.4 政策建议

8.4.1 环境保护 PPP 机制

环保领域因其特有的产业属性,如较强的公益性、较低的营利性,所以在环保产业中应用 PPP 模式既有与其他领域所共有的发展思路,也有其不可忽视的特殊性。将 PPP 模式应用到环保产业时不仅要发挥其简单的融资功能,更要侧重于经济的发展模式。本书根据目前我国 PPP 模式的发展现状,在借鉴了国际先进经验的基础上,就 PPP 模式在环保产业的应用提出如下政策建议:

8.4.1.1 加快完善 PPP 模式的相关法律制度

我国需要积极制定并出台国家级的法律文件,加快建立 PPP 模式的法律体系,在法律层面上对政府和私营部门拥有的权利、承担的义务和风险进行明确界定,以此促进和规范 PPP 的发展。①要先梳理现行法规政策和规章,找出有冲突的制度障碍并予以排除,对 PPP 项目的操作规则进一步明确,包括市场准入、政府采购、预算管理、风险分担、流程管理、绩效评价和争议解决等。政府部门要紧密结合实际,积极推动构建有利的制度环境,鼓励和引导社会资本参与 PPP 项目的建设。②政府部门要出台 PPP 项目的相关评价标准,使得地方政府在基础建设、环保等领域运用 PPP 项目时有指导性工具。只有从立法和政策理念上,将政府和企业作为平等主体,才能保证 PPP 模式这一合同式投资方式的稳固发展。

8.4.1.2 建立稳定的社会资本投资回报机制

由于环保产业中污水处理、污染治理项目的公益性,其不可避免具有较低的收益性和较长的回收周期,这些都使社会资本的参与积极性不是很高。因此,要建立稳定的社会资本投资回报机制。根据项目的不同情况，可因地制宜地采用政府付费、使用者付费、政府可行性缺口补助等方式，还可以针对环保产业的不同环保项目的特点，提出创新性的盈利模式，如鼓励捆绑、资源组合开发等，积极拓宽环保产业的产业链，提高项目的盈利水平。

8.4.1.3　完善环境服务价格调整机制

建立动态或静态的价格调整机制，定期开展项目价费政策的督查评估。对于存量项目，按照协议达到价格调整的启动条件后，双方应开展价格调整谈判或及时召开听证会调价。加强地方财政承受能力评价，对社会资本的权益保障作出制度设计。督促地方政府编制中期财政规划，进行项目预算滚动管理，确保 PPP 项目支出列入年度预算。发挥价格杠杆的激励作用，对于不达标排放的环保项目，实施环境服务费用扣减，以遏制环保行业恶性竞争，对于采用新技术改造，使排放浓度低于原定标准的企业，给予适度经济奖励刺激，以鼓励环境技术研发和增质提效。

8.4.1.4　推动建立环保 PPP 项目产业基金

环保基础设施项目体量大、投资金额高，企业仅仅依靠传统自有资金加负债的方式难以保障持续投入。鼓励利用社保、险资、国有大型银行等低成本的政策性资金组建专项产业基金，通过银行贷款、企业债、项目收益债券、资产证券化等多种金融渠道保障融资需求。基金 GP 之一的环保公司出资比例较小，作为劣后级资金，险资出资等作为优先级资金，撬动银行贷款等筹集其余资金。尤其是国内环境修复行业，面临污染土地底数不清，商业模式不清晰的困境，可借鉴美国超级基金及我国社保制度，引导石油石化企业设立土壤修复基金或清洁基金。

8.4.1.5　完善项目招投标监督管理机制

除市场竞争壁垒，营造公平的竞争环境；规范项目招投标操作规程，规范各级机构项目库和专家库建设；实行失信企业监管制度，对于在招投标过程中出现违规违法行为的企业，根据具体情节，予以一定期限内取消投标资格，甚至给予退市的处罚。

8.4.1.6　成立专门的项目管理机构

目前我国实行的 PPP 项目都是由各部门自己进行管理，大多采取的是"一事一议"的管理方式，这不仅提高了资金成本，也提高了管理成本，同时还可能扩大财政风险。建议由财政部牵头建立专门的 PPP 项目管理机构，负责对 PPP 项目的审批、建设和运行进行有效监督，并负责对全国范围内的 PPP 项目进行管理，以保证 PPP 项目的成功。

8.4.1.7 建立专业的 PPP 咨询服务机构

环保行业是一个涉及领域范围比较广的行业，要求参与方具有相当的专业知识，因此有必要成立 PPP 模式应用于环保行业的专门的咨询管理机构。私人部门往往具有先进的技术和管理经验，而政府部门在选择项目参与方的过程中，需要深入了解相关的专业技术，此时就需要专门的机构来进行研究分析。因此，成立专门的管理咨询机构，是 PPP 项目顺利实现的关键。所建立的 PPP 咨询服务机构要有完善的行业管理制度和规范，这要求从业者不仅要遵守基本职业操守，还要做到独立、公正和科学对待具体的 PPP 项目咨询。同时要求 PPP 项目与咨询机构挂钩，对出现的失败的 PPP 项目，追究相关咨询机构的责任。大力培育我国本土 PPP 专业咨询公司。在机构建设过程中，可以进行专业 PPP 咨询机构备案，建立 PPP 专业咨询服务机构库。在这个过程中，要学习借鉴境外机构，必要时适度引进国外相关机构，以加快提升我国 PPP 的实践水平。

8.4.1.8 建立透明的信息共享制度

地方在环保产业推行 PPP 模式的过程中，考虑到私人部门的信息劣势地位，对项目信息有绝对而全面掌握的公共部门应该与私人部门共享信息，提高项目的信息透明度，建立信息公开制度，避免由于信息不透明造成项目搁浅，以此促进环保领域 PPP 模式的应用。环保类 PPP 项目的信息公开不应只对项目本身运行阶段绩效方面的信息进行公开，而是要把一些地方政府行为，政府需要承担的责任信息也适时公开。针对现在总投资额达上万亿元的环保类 PPP 项目，除涉及商业机密等不适宜公开的信息外，有必要推行 PPP 项目从项目准备到后期运营的全过程信息公开。另外，还可以通过互联网建立信息公开平台，完善信息公开机制，这样既有利于公共部门和私人部门的决策，也有利于社会公众的监督，让政府、企业、咨询机构和公众都能真正参与到环保 PPP 项目中来，并发挥好自身作用。

8.4.1.9 推进环保 PPP 资产证券化历程

在环境保护领域，市政工程 BT、BOT、TOT 等项目的政府回购款、设备租赁（金融租赁）款等债权，污水处理费、垃圾处理费等收益权，具有稳定的未来现金流，可以作为企业资产证券化的基础资产，从而为以 PPP 投资模式投资于环保企业的风险资金通过资产证券化的路径顺利退出建立了运行机制，为环境保护领域里的企业实现直接融资提供了可能性。环保 PPP 较大的投资体量使引入资产证券化、社会资本多元化参与等创新金融模式成为可能，有利于盘活社会存量资本。对于社会资本而言，PPP 项目具有多种证券化的可能性与选择空间，且可通过不同的交易平台进行发行与流通，这有利于推动项目的再投资。

8.4.2　环境污染第三方治理

8.4.2.1　尽快明确相关主体的权责划分

建立健全有关法律法规体系，尽快从上位法上界定排污企业和治污企业的权责关系，研究出台《环境污染第三方治理环境监管办法》，更好地指导地方政府监管第三方，而不是陷入对"付费是否意味着污染责任转移"问题的争论中。排污企业承担污染治理的主体责任，与第三方治污企业签订环境服务合同，明确委托事项、治理边界、责任义务、监督制约等事宜，并对第三方治理行为实施有效监督。第三方治污企业按照有关法律法规和标准以及合同开展污染治理和达标排放，因管理不善、弄虚作假造成环境污染的，依法承担相关行政法律责任和连带责任。对排污企业委托治理内容与实际排放情况符合、主要责任在第三方治污企业的，可适当减轻对排污企业的处罚。对排污单位委托治理内容与实际排放情况严重不符的，第三方治污企业应当进行监督和检举。

在第三方责任界定中，贵州省在其地方性法规中做了很好尝试。2016 年 7 月29 日贵州省第十二届人民代表大会常务委员会第二十三次会议通过的《贵州省大气污染防治条例》中明确提出"推行大气污染防治设施第三方运营"。其中规定，"污染防治设施实施第三方运营的，排污单位应当对污染防治设施的正常运行进行监督检查；运营单位应当对因自身过错造成违法排污产生的后果承担法律责任"。也就是说，实施第三方治理后，对于排污企业仍有法定义务去监督检查治污企业；治污企业作为独立的民事主体，如果因为自身原因有监测数据造假、偷排偷放等环境违法行为的，要承担相应的法律责任，包括民事责任和行政责任。

8.4.2.2　严格环境监管执法

第三方治理的成本优势只有在守法的环境下才能成立。当违法成本远低于守法成本时，守法环境被打破，排污企业可以选择不治污或不达标排放，第三方治理就会失去优势和吸引力。因此，全面落实环境保护法律法规，严格执行污染物排污标准，完善监测监管制度。实际中排污企业与第三方治污企业的恶意串通污染环境和破坏生态环境的行为极具隐蔽性和专业性，执法队伍对此灰色地带应加强监管，深入检查污染物排放及治污设施的运行情况，提高基层执法人员的专业知识。地方政府和企业之间的紧密联系易滋生企业的寻租行为，执法队伍的监管力度会影响寻租行为的概率，所以，地方执法人员需加强对污染企业的监督活动的有效性，提高对污染企业的处罚力度。将环境保护设施连续稳定运行、自动连续监测设施正常运行等纳入环境监管重点，着力查处污染治理设施或监测监控设施建而不用、时开时停等违法行为，提高违法成本。积极引导排污企业实施第三方治理，特别是要做好对技术水平低、治污能力弱、达标难度大的企业的引导。对于第三方治污企业未按照法律法规技术规范和合同约定的要求实施污染治理，或者在实施污染治理中弄虚作假的，应依法严厉处罚。健全行政处罚和刑事处罚的衔接机制，严厉打击环境污染犯罪行为。

8.4.2.3　完善第三方治污企业的评价体系

建立诚信档案制度及信用评级制度。《环境保护法》第五十四条明确规定"县级以上地方人民政府环境保护主管部门和其他负有环境保护监督管理职责的部门，应当将企业事业单位和其他生产经营者的环境违法信息记入社会诚信档案，及时向社会公布违法者名单。"即环保监管部门负有向社会公布排污企业及环境服务公司的排放污染物是否达标、治污设施运行状态以及其违法情况等信息的义务。建立基于项目业绩的信用评价体系和评价标准，对偷排漏排、非法排放有毒有害污染物、不正常使用污染防治设施、伪造或篡改环境监测数据等恶意违法行为，并造成重大环境污染事件的失信企业，实施"黑名单"制度，并在企业诚信系统和社会公共信用服务平台予以曝光，在政府采购、工程投标、用地审批、融资、财政奖励补贴等方面依法采取限制或禁止措施，让这类企业一次违法、处处受限。良好声誉的建立更有利于第三方治污企业在环境污染治理市场上抢占先机，赢得排污企业的青睐。

8.4.2.4　加强有关环境政策的协调

统筹考虑现有环境管理制度与第三方治理的衔接问题。完善"三同时"制度，明确治污企业在环保设施的设计、施工、投产使用中的要求。优化污染治理设施建设、改造补贴以及燃煤电厂脱硫、脱硝和污水处理厂污染超量减排奖励政策，以项目运营绩效考核为依据，支持直接承担治理的企业。鼓励地方通过专项资金采取第三方治理的排污企业。积极推进总量控制前提下的排污权交易制度的建立与有效实施，做好环境保护税改革与排污费的衔接，促使企业加大污染治理与减排领域的投入。在现有的排污申报登记制度中，增加第三方治污企业的统一备案登记[①]，也就是在排污企业申报排污许可登记时需要备注"是否采用第三方治理"的信息，以收集第三方治污企业的信息，并进行全国联网公布，以利用治污企业的监管。

8.4.2.5　建立信息公开及社会监督机制

鼓励建立第三方治理信息服务平台，推动排污企业和第三方治污企业能力、业绩等信息公开，加大排污企业自行监测和监督性监测信息的网上公开力度。公布环境违法信息，对涉及的环境污染第三方治污企业一并予以公开。定期开展对环境保护设施运营的绩效考核，并向社会公告结果。

落实公众对环境污染第三方治理信息的知情权，虽然我国环保部门或企业有主动公开环境信息的义务，但是对于公民主动申请政府部门和企业履行公开义务未果的法律保障机制尚未形成。所以，公民知情权实现的渠道应予行政程序上拓宽，①通过网络、媒体等征求公众意见和咨询专家意见，举行听证会、座谈会与论证会促进公众与政府之间的良性互动等；②确定第三方治理的被诉对象，扩大原告起诉资格和诉讼请求事项，降低公众参与环境司法程序的成本；③法院联合环保部门成立专门的环境资源审判庭，因为第三方治理纠纷中原告将面对排污企业与治污第三方企业的联合对抗，审判员和律师应具备环保专业法律知识，而且，环保部门在日常的监督检查过程中比较容易获取其违法犯罪的原始证据资料，专门的环境资源审判庭的建立是公众诉权实现的必要保障。

8.4.3　环保产业融资租赁模式

8.4.3.1　加快完善法律法规和支持政策

目前我国的融资租赁还在初级发展阶段，需要完善法律法规和相关支持政策来促进环保产业融资租赁的发展。地方政府应积极落实《国务院办公厅关于加快融资租赁业发展的指导意见》，来促进融资租赁政策的执行，支持融资租赁业的健康发展。另外，可通过风险补偿、奖励、贴息等政策工具，引导融资租赁公司加大对中小企业的融资支持力度，尤其是向节能环保领域倾斜。同时，地方政府、环保类园

---

① 备案制度在调研的省市中已有探索。浙江省嘉兴市要求"运营服务企业接受委托前，必须到市环保局备案登记"；2016 年 7 月 29 日贵州省第十二届人民代表大会常务委员会第二十三次会议通过的《贵州省大气污染防治条例》要求"污染设施运营单位应当在省人民政府环境保护行政主管部门备案"。

区可与融资租赁公司合作，开发面向中小企业的产品和服务模式，并加大对环保企业及创新型企业的支持力度，拓展融资渠道。

8.4.3.2　开发面向中小企业的产品和服务

各地方政府及国家高新区等可与融资租赁、信托、金融及证券机构合作，开发面向中小企业的产品和服务，并加大对环保企业及创新型企业的支持力度，拓宽融资渠道。如环投汇在 2017 年联合近 20 家专注节能环保领域的投资机构开发出一款专门针对环保设备的融资租赁产品，重点支持节能环保、新能源、循环经济领域，为企业技术改造和设备升级等中长期融资需求的优质中小企业提供融资租赁服务缓解资金压力。

8.4.4　资产支持证券化融资模式

8.4.4.1　加快环保企业资产证券化的流动性

从国内资产证券化发展的历程可以看出，相关企业融资方式的发展都存在着流动性不足的问题，导致投资者要求提高企业产品流动性的价格，进而提高了企业的融资成本。加强环保企业资产证券化的流动性的主要措施有：一方面，加强对合格投资者的培养力度，改善融资市场的融资环境、法律制度，有效维护投资者的利益，促进投资者的投资信心。除此之外还要采取有效措施加大对新投资者的培养力度，提高他们对不同投资风险的识别和评价能力，扩大投资者的投资范围。另一方面，丰富环保企业资产证券化的类型，以便更好地促进不同企业的发展。如今，我国现存的资产证券化类型较少，并且投资者可以选择的融资方式也比较少，这在一定程度上阻碍了环保企业资产证券化发展的流动性。因此，要在此基础上不断丰富证券化的类型和融资方式，以加大资产证券化的流动性。

8.4.4.2　金融机构应着手探索相关业务与产品的创新

随着我国绿色金融市场逐渐开启，金融机构应着手探索相关业务与产品的创新，为未来抓住市场机遇，迎合绿色企业特殊融资需求做准备。特别是在涉足绿色能源等新兴重资产行业时，应研究绿色资产证券化等新型金融服务介入模式。

8.4.4.3　完善信息披露

监管层应当引导市场培育具有项目经验、权威的第三方估值体系，为投资者的交易和定价提供专业参考。完善信息披露，使绿色资产支持证券发行人加强信息披露，能够进一步加强投资者识别风险的能力，也能够向投资者分享绿色行业投资的相关经验信息，通过首个光伏资产证券化项目、首个风电资产证券化项目、首个生物质发电资产证券化项目逐渐向投资者证明这些绿色细分行业项目的商业可行性，起到良好的示范作用，多方面增加绿色行业透明度和投资者信心。

8.5 案例研究

本节选取一个生态新城案例、一个餐厨垃圾案例、两个工业园区案例、一个城市污染治理案例和一个农村污水处理案例进行案例研究。

8.5.1 宜兴环科园环科新城生态项目[①]

8.5.1.1 基本情况

宜兴环科园环科新城生态项目是由被誉为"中国园林第一股"的北京东方园林股份有限公司在宜兴西郊建设的，环科新城规划和建设面积达 15 km^2，与其相连的西氿南岸的 10 km^2 湿地也将建成宜兴重要的生态景观。项目内容包括上述区域内道路、景观、园林、绿地、给水、雨水、污水管网、河道截污、水利疏浚、湿地的投资、规划、勘察、设计、建造、设备采购安装和移交等工作，项目总投资额为20 亿～50 亿元，建设工期约 5 年。

8.5.1.2 主要做法

该项目采用 PPP 模式之中的 BLT（build-lease-transfer，即建设—租赁—移交）模式，即北京东方园林股份有限公司及其引入的第三方公司与中国宜兴环保科技工业园管委会下属国有投资公司共同出资成立合资公司，合资公司由北京东方园林股份有限公司相对控股。项目资金构成为中国宜兴环保科技工业管委会出资占比20%～30%，北京东方园林股份有限公司出资占比 49%，北京东方园林股份有限公司引入的其他方出资占比 21%～31%。上述合资公司为项目的实施主体。北京东方园林股份有限公司作为项目的承揽方，具体承担项目的规划、勘察、设计、建造和设备采购安装、移交等工作。合资公司按单项工程分批建设、分批租赁给中国宜兴

---

① 成嘉舟. PPP 融资模式在我国环保工程中的应用研究——以宜兴环科园环科新城生态项目为例[J]. 中国市场，2015（13）.

环保科技工业园管委会使用,租赁期内资产由合资公司持有,由中国宜兴环保科技工业园管委会负责进行管理、运营并支付租赁费。租赁期满后,北京东方园林股份有限公司将项目移交给中国宜兴环保科技工业园管委会。

8.5.1.3 优势评价

如前所述,作为生态项目工程,宜兴环科园环科新城生态项目不仅顺应当前国际趋势,该项目采用 PPP 模式,更是对国务院"建立健全政府和社会资本合作(PPP)机制"号召的积极响应,此举无疑将得到国家的支持与关注,项目也将因此受益匪浅。该项目在建设资金来源方面,采用金融合作的方式,通过引入第三方金融机构为合资公司融资;并将所得全部款项定向用于支付本项目的实施,"专款专用"的方式进一步保障了公司在资金回收上的安全性,并且能够有效地改善现金流状况。PPP 近年来已成为公共产品市场的新方向,该模式在完全推广后能够有效地缓解地方债务对公共产品需求的约束,并将在一定程度上扩大从事政府项目的企业的项目需求,提高投资收益率和工程回款的效率,从而使从事政府工程项目的企业得以拥有一个可持续发展的商业模式。

8.5.2 常州市餐厨垃圾项目的 PPP 运行模式[①]

8.5.2.1 基本情况

随着社会经济发展迅速,民众对环境和健康的要求越来越高,也越来越关注垃圾处理的问题。目前,反焚烧的倾向越来越强,甚至延伸到所有的垃圾处理设施,严重影响垃圾处理设施的建设,许多城市面临填埋场几乎填满,而新的设施不能实施的窘境。有机污染物,尤其是餐厨垃圾的管理和处理,由于关系到食品安全和民众健康问题,受到政府和民众的关注,成为新的热点,迫切需要新的收集和处理设施。但由于缺少成熟可靠的技术和案例,以及随着垃圾管理向县级和乡镇延伸所带来的新的处理设施和能力需求,这些都使民营资本的引入经历重重阻力。餐厨垃圾问题在中国具有特殊性。国家为应对餐厨废弃物引发的"地沟油""垃圾猪"等食品安全问题,自 2010 年起,启动了城市餐厨废弃物资源化利用和无害化处理试点工作,旨在从源头上斩断"地沟油"回流餐桌和餐厨废弃物直接饲养畜禽等非法利

[①] 张进锋,李晓慧,史东晓. 常州市餐厨垃圾处理 PPP 项目的实践[J]. 中国财政,2014(9):34-35.

益链，推动餐厨废弃物资源化利用和无害化处理，变废为宝，化害为利，促进循环经济发展。由于我国在该领域缺乏必要的技术积累和运营管理经验，尽管中央政府提出了较高的要求和时间节点，但是，由于对于处理技术、目标要求和处理价格等缺乏必要的认识，尤其是缺乏成熟可靠的技术和运行实践，直到今日，实际建成并运行的项目屈指可数。

8.5.2.2　主要做法

常州市政府积极开展餐厨垃圾处理工作，要求由城管局负责，在2012年5月建设完成应急处理设施并开始实施餐厨垃圾的集中收集和应急处理，同时开展200 t/d餐厨垃圾处理和资源化项目准备。在城市管理局牵头带领下，城管、公安、环保、卫生、工商、药监等部门联合开展餐厨废弃物收运处置综合整治工作，取缔非法收运餐厨废弃物车辆、非法加工餐厨废弃物窝点。此外，在项目筹备伊始就计划引入PPP机制，通过招标引入具有技术、资金和经营能力的企业进行项目的投资、建设和运行管理。江苏维尔利环保科技股份有限公司是一家高浓度有机废水处理和有机垃圾处理领域领先的上市环保企业，通过国际合作和自助研发，发展了适宜中国餐厨垃圾处理要求的成熟技术和成套装备。其正在进行的餐厨垃圾处理技术研发已经取得实质性进展，完成了中试工作和关键设备开发。常州市政府和江苏维尔利环保科技股份有限公司经过沟通，确定由双方一起，发挥各自优势，实施常州市餐厨垃圾应急工程。一方面，由市政府出资500万元，购买21辆餐厨垃圾收集运输专用车辆，分配到各城区环卫部门，进行餐厨垃圾的收集和运输；另一方面，由维尔利公司负责100 t/d餐厨垃圾应急处理设施项目的技术工艺、设备投资和建设运行。2012年5月20日，餐厨垃圾应急工程的运行工作正式开始，截至2014年3月，不到两年，就已经收集了335个大型餐馆饭店的餐厨垃圾，日均收集量达70 t。

8.5.2.3　优势评价

常州市政府一开始就与维尔利公司建立了伙伴关系，为其技术发展提供生产试验的平台之余，对餐厨垃圾处理技术和成本控制真正做到了心中有数。维尔利公司也利用其资金和技术优势为政府分忧解难，出资进行餐厨垃圾应急工程的建设。根据公私双方在餐厨垃圾处理项目上的特许经营协议，项目采取了试运行的模式。这样不仅降低了企业未来的经营风险，又能完成政府既定目标。同时，政府承担了可研、环评、征地等对企业来讲难度较大的工作，为项目实施夯实了基础。

8.5.3　工业园区第三方治理：仁怀市名酒工业园案例[①]

8.5.3.1　基本情况

贵州省仁怀市名酒工业园定位为酱香型白酒生产园区，园区废水主要是生活污水与白酒生产废水，水质水量、污染物种类及浓度较为稳定。园区内已建设工业污水处理厂 4 座，其中第一净水厂收集鼎富酒业、国服酒业、君丰酒业、金茅古酒厂、夜郎古酒厂、搬迁安置 B 区的生活及生产废水，以及暂时收集外来企业国台和赤水液废水 225 t/d，设计水量为 1 200 t/d，实际处理能力为 500～600 t/d。

为确保污水处理厂正常、稳定、有效运行，2014 年园区各酒厂企业园区按照市场竞争原则，通过公开招标，以签订托管运营合同的方式，委托广西南宁市桂润环境工程有限公司对已建成的第一净水厂进行运营管理、维护，保证处理后的污水达到《发酵酒精和白酒工业水污染物排放标准》（GB 27631—2011）的三级排放标准要求。运营管理费用由污水厂纳污的各酒业承担。根据企业实际生产运行条件，按每个酒甑平均每日的排污量，在各厂出口安装流量计检测出水水量，并结合污水厂运行费用计算出各个企业每年所需的运行管理费，按时缴纳。在约定期限内，南宁市桂润环境工程有限公司对污水厂进行运行管理，保证处理后污水达标排放，并负责对系统设备、设施运行中出现的故障进行及时维修、维护。

8.5.3.2　主要做法

按照"政府引导、园区补助、企业集资、托管运营、强化监管"的原则，在仁怀市政府的引导下，通过园区补助、酒企集资的方式建设污水厂，建成后由酒企共同委托专业技术机构对污水处理厂进行管理运营，同时仁怀市环保局强化过程监管和为园区管委会和企业提供政策咨询，结合社会监督，从而保障污水处理厂稳定有效运营，达到"治制分离"的目的，提高治污效率，确保污水稳定达标排放。园区第三方治理模式（图 8-3）。

[①] 王登建，赵兴嘉，赵菁，等. 贵州省仁怀名酒工业园区环境污染第三方治理探析[J]. 环保科技，2016，22（4）：43-47.

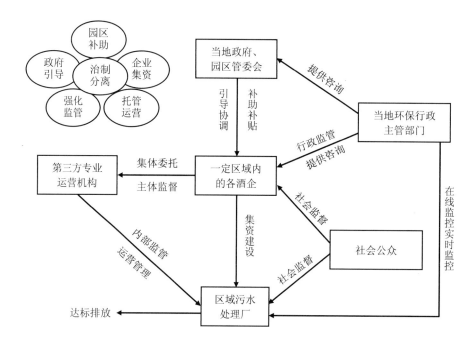

图 8-3　仁怀名酒工业园第三方治理模式架构

8.5.4　城市污染治理：如东沿海经济开发区环保顾问式服务平台案例[①]

8.5.4.1　基本情况

2013 年，为解决园区企业环境治理能力低下、无法稳定达标排放等问题，如东沿海经济开发区管委会邀请江苏南大环保科技有限公司作为南京大学环境学院社会化技术服务的依托单位，在如东沿海经济开发区内成立了环保公共服务平台，为园区环保管理部门和相关企业提供知识培训、技术指导、方案设计、审批咨询、环境检测、专家诊断等多方面的环保顾问式技术服务。在该平台的专业化技术支持下，园区企业环保人员业务水平和企业管理合规性稳步提升，园区企业废水、废气均实现稳定达标排放。

8.5.4.2　经典模式

该案例通过"政府引导、企业参与、院校支撑、市场化运营、专业化管理"的

---

① 《关于印送工业园区环境污染第三方治理典型案例（第一批）的函》。

合作模式，明确了各方职责与付费机制，实现了园区污染治理的专业化技术服务和市场化运营，具有较好的典型性和示范意义。

8.5.4.3　案例特点

（1）市场化契约关系。如东沿海经济开发区与江苏南大环保科技有限公司通过签订合作协议书，明确了彼此的权利义务和责任界线，同时也确定了合理的付费机制，最终实现了治理的专业化和市场化。

（2）顾问式环保服务。环保公共服务平台提供环境类咨询、环境治理方案编制设计、环保设施运行指导、环保知识培训、环保专家门诊、环境检测、工艺中试论证等技术服务。平台的咨询团队同时还参与了当地环保管理部门组织的环境安全达标体系建设工作，帮助园区内企业编制突发环境事件应急预案、突发环境事件风险评估报告等。平台技术团队还在园区企业项目申报的过程中，配合环境咨询人员为各建设项目提出切实可行的初步污控措施，并根据部分业主的实际需求编制详细方案，进一步拓展了服务内容。

（3）常态化环保巡查。平台技术团队常驻园区，与当地环保管理人员共同组成工作组，开展日常环保巡查，并就巡查中发现的问题与企业一线环保设施管理人员进行技术交流、提供初步诊断意见。通过这种长期化、常态化技术指导，帮助园区企业对环保设施设备进行更好地运行维护，解决了园区企业环保技术水平不高的老大难问题。

（4）集约化监测采购。平台根据园区企业生产项目环评、批复等审批文件要求，指导企业确定当年监测任务清单并向园区报备。随后，平台将根据所有企业的监测任务开展集约化的监测第三方招标采购，在帮助企业确保完成各项监测要求的同时，通过集中议价的方式降低了单个企业监测费用负担，并协助园区实现了对监测过程的监管。

8.5.5　城市污染治理：湘潭市竹埠港老工业区重金属污染治理案例[①]

8.5.5.1　基本情况

竹埠港老工业区位于湘潭岳塘区境内，区域面积约 1.74 km²。始建于 20 世纪

---

① http://huanbao.bjx.com.cn/news/20160316/716437-2.shtml.《土壤污染治理 PPP 模式探讨》。

50 年代，是国家首批 14 个精细化工基地之一，冶金化工企业最多时达 40 多家，现存 27 家。由于长期的化工生产，企业排放的废水、废气、废渣对该区域土壤积水环境造成严重污染，尤其重金属污染比较严重。根据 2008 年对竹埠港地区的土壤采样分析结果，17 处不同利用性质的土壤样本中，镉超标率 100%，含量最高达 53.2 mg/kg，高出国家标准 176 倍；砷、铅、汞、镍、铜也不同程度超标（表 8-2、表 8-3）。2011 年 3 月，国务院批复《湘江流域重金属污染治理实施方案》中，明确将竹埠港作为湘江流域重金属污染治理七大重点区域之一。2012 年 8 月，湘江流域重金属污染治理工程被列为湖南省"十大环保工程"之首，其中包括竹埠港这一重点区域。根据国家、湖南省的重大部署，湘潭市、岳塘区两级将竹埠港"退二进三"作为一项重要的政治任务、民生工程和加快"两型社会"建设的举措，全力推进竹埠港地区"关停、退出、治理、开发"工作。

表 8-2　竹埠港地区土壤超标项目情况统计（2008 年）

调查项目	镉	汞	砷	铜	铅	铬	锌	镍
超标率/%	100	17.6	23.5	5.9	17.6	0	0	11.8
最大超标倍数	5.8	34.4	0.93	0.06	0.44	—	—	0.25

表 8-3　竹埠港地区土壤污染等级结果统计（2008 年）

污染等级	轻微污染	轻度污染	中度污染	重度污染
所占比例/%	17.6	41.2	23.5	17.7

8.5.5.2　主要做法

为推进竹埠港地区重金属污染治理，一方面，湘潭市岳塘区政府与永清投资集团合资组建"湘潭竹埠港生态治理投资有限公司"，尝试建立风险共担、利益共享的机制。双方成立的合资公司，作为重金属污染综合整治项目的投资和实施平台。具体合作内容包括关停企业厂房拆除、遗留污染处理、对污染场地修复、整理，以及区域基础设施建设等工作。计划用 3 年左右对区域重金属污染分期分片进行治理。另一方面，拓宽融资渠道，保障资金。竹埠港重金属污染综合治理一期项目与浦发银行债券配套融资 3 亿元，在"湘江流域重金属污染治理专项债券"发行中，获得份额 4 亿元，与永清环保就重金属污染治理示范项目融资 1 亿元，还有其他正在向相关部门申报的资金（图 8-4）。

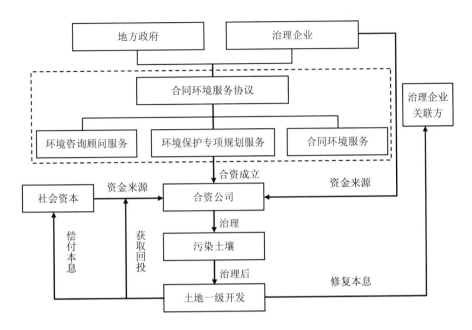

图 8-4　竹埠港地区重金属污染治理模式

8.5.5.3　特点、优势及适用范围

该模式具有三大特点：①政府牵头成立了投资发展公司，负责整个工业区的污染治理、土壤修复、土地开发；②这种政企合作模式改变了政府过去重治理过程、轻治理效果的做法，解决了前期花费大、专业人员和技术支撑缺乏等问题；③将污染治理与后期土地运营建设挂钩起来，实行利益共享，吸引专业化环保公司参与工业区的污染治理，有效破解了政府污染治理资金投入不足而社会资本参与积极性不高的难题。该模式适用于老工业区的搬迁改造、历史遗留污染问题的治理、老旧矿山的生态修复与工矿废弃地整理等。

8.5.6　农村污水处理：绍兴柯桥农村污水处理实践"公私合营" ①

农村污水处理是业界普遍反映的难题：规划设计存在短板，商业模式不清，建设运维成本高，尤其运维难以长效。部分地方摸索实践，寻求突破。浙江省绍兴市

---

① 《三分建，谁来建？七分管，谁来管？》，中国环境报，2016-11-22（10）。

柯桥区将农村污水处理设施打包交给企业托管运营，取得良好效果，出水检测指标优于《城镇污水处理厂污染物排放标准》一级 A。之所以农村污水处理设施能够得到良好的运营维护，是因为这一地区的设施由作为主要负责企业的绍兴柯桥排水有限公司（以下简称"柯桥排水公司"）和社会化企业联合进行运维。柯桥的农村污水处理模式根据村镇特点分为 3 种，对于易于纳管的集镇和村生活污水由柯桥排水公司负责集中的农村污水处理设施的建设和运营维护；未接通管网的村则建设分散型处理设施就地处理，这部分终端设施的建设、运维也由柯桥排水公司负责；而偏远分散地区的污水处理设施建设和运维则由社会化企业宁波正清环保工程有限公司负责。

国企存在资金、技术研发等优势，民企效率成本以及经验上更具优势，联手可实现"双赢"。农村污水处理如果仅由政府向社会采购服务，则对企业的技术、运维管理水平、经验、人员专业化程度等存在一定要求，真正能符合要求的企业并不多。如果政府购买环境服务后，企业运营维护不达标，这时再换另一家企业，很可能会造成运营数据不完整，留下一个"烂摊子"。因此，出于长效运营的考虑，柯桥区选择与具有较强资金和组织能力的政府下辖国企进行合作，作为国企具有资金、技术研发、管理和专业人员优势，农村污水处理设施的运营维护中，"长效"是企业关注的重点。但是，在市场化要求下，国有企业存在着人力成本较高，由于污水处理设施分散，巡检起来存在困难等劣势。这就需要与社会化企业优势互补，联手解决运营问题。目前柯桥已经有 50 个村的污水处理设施正在移交过程中，计划 2017 年完成 200 个村的污水处理设施交由正清环保运维。

第*9*章

推进有利于环境保护的市场机制的对策建议

本章主要提出了有利于环境保护的市场机制的对策建议，包括做好环境保护市场机制的顶层设计、突出转变政府职能，更好地服务于市场、加快培育发展生态环保市场，发挥企业主动性、推进市场机制的实施效果跟踪与评估、加强组织协调，强化部门联动等措施。

9.1 做好环境保护市场机制的顶层设计

9.1.1 目的和思路

党的十九大报告提出，要使市场在资源配置中起决定性作用。在环境领域，市场机制对环境资源配置的决定性作用，同整个社会主义经济体制中市场机制的决定性调节作用是一致的，但是环境保护具有公共物品性质，比其他一般竞争性产业，市场机制调节作用的发挥有一定的局限性，因此在一些情况下，需要政府为其创造条件，并给予一些政策扶持，充分发挥市场机制的作用。同样，在政府管制领域，也存在政府失灵的情况。政府失灵一般指政府为纠正市场失灵而进行的行政干预措施无法提高资源配置效率的现象。在资源环境领域，政府失灵一般表现为环境政策无效和环境管理无效，在环境保护领域过多采用单一的行政命令机制，就会造成环境管理成本高，效率低，而环境质量改善不显著的问题。

在环境保护领域引入市场机制，目的就是要平衡政府调节和市场调节的关系，通过市场机制与命令-控制性手段相互弥补缺陷，协调发挥作用，使政策合力最大化，共同调配环境资源，达到保护环境的目的。因此在环境保护市场机制的政策设计中，要处理好"有形的手"和"无形的手"之间的关系，充分发挥各类政策手段的优势，构建适应市场经济背景下的环境管理体制。

9.1.2　未来需求

我国环境市场机制政策处于快速发展时期，这与我国发展所处的历史阶段对环境经济政策运用的需求紧密相关。2015 年以来，中央密集出台了《关于加快推进生态文明建设的意见》《生态文明体制改革总体方案》和《国民经济和社会发展第十三个五年规划纲要》，对"十三五"时期的环境市场政策体系建设作出了顶层设计和整体部署。"十三五"期间，环境市场政策体系以环境质量改善为导向，大力发挥经济政策手段在环境质量改善工作中的调控、激励、引导和规制功能，并结合国情，创新模式，完善体系，发挥环境经济政策在生态文明建设中的核心制度作用。《中共中央　国务院关于全面加强生态环境保护　坚决打好污染防治攻坚战的意见》提出要健全生态环境保护经济政策体系，完善助力绿色产业发展的价格、财税、投资等政策，大力发展绿色信贷、绿色债券等金融产品，落实有利于资源节约和生态环境保护的价格政策，落实相关税收优惠政策。《打赢蓝天保卫战三年行动计划》也对完善环境经济政策从拓宽投融资渠道、加大经济政策支持力度、加大税收政策支持力度等方面提出了要求。

此外，遗传资源的管理对于社会经济可持续发展都具有非常重要的战略性意义，未来还应把加强遗传资源管理作为我国环境保护工作和现代化建设的重要内容，加强国家有关遗传资源管理的能力建设，借鉴国外的先进经验。

9.1.3　框架设计

"十三五"期间，我国将更大力度地推进环境保护市场机制的建设，在环境税收政策、环境价格政策、绿色财政政策、环境金融政策、环境商业模式等领域都将根据环境管理需要，研究出台一系列政策，具体框架图见图 9-1。

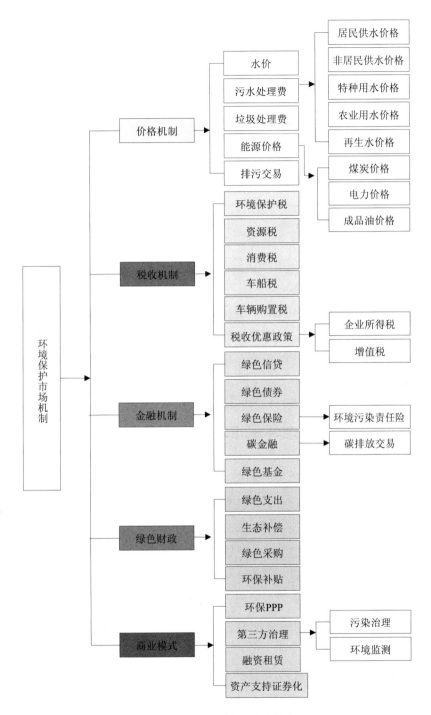

图 9-1　环境保护市场机制框架

9.2 突出转变政府职能，更好地服务于市场

突出政府转变职能，更好地服务于市场。环境市场政策真正发挥作用的基础，在于政府职能的转变，政府要能够尊重市场，避免直接使用行政手段，让市场在资源配置中发挥决定性作用；此外要明确中央和地方财权和事权，特别要明确中央的环境保护事权和支出责任；强化政府部门间协调与配合，全面提升环境市场政策的综合有效性。

发挥政府部门作用，提高环境市场对社会资金投入的吸引能力。政府应更多采购环境服务，给予治污企业尤其是第三方治理企业贷款贴息、融资担保、补贴奖励等，对金融机构风险投资公司的环保投入予以风险与收益补偿，以拓展环保市场，吸引更多社会资本参与环保投入。

健全法制保障，强化政策激励。健全法律法规，强化执法监督，构建统一、公平、透明、规范的市场环境。发挥政策激励和工程示范作用，调动市场主体参与环境治理和生态保护的积极性。鼓励地方开展项目或政策试点，树立标杆，引领示范，总结经验，推广复制。

9.3 加快培育发展生态环保市场，发挥企业主动性

加快环境治理市场主体培育，将环境治理由政府推动转变为政府推动与市场驱动相结合。以污染治理设施运行、环境监测、环境咨询、环境评估、环境保险等环境服务业为重点，积极完善有利于环境保护的市场机制和商业模式的投融资环境。通过投资补助、基金注资、担保补贴、贷款贴息等方面的模式探索，不断拓展融资渠道，引导和鼓励社会资本进入环保产业领域。通过探索信贷服务、排污权、收费权、特许经营权、环境污染第三方治理、股权和债券融资、环保产业投资基金等市场手段的创新，推动金融机构加强对投融资活动环境保护要求的关注，为环境保护市场机制的发展提供更好的金融服务。通过环境产业的上下游企业的深度合作，探索新的商业模式和市场机会，积极推动各界广泛参与的环境保护社会共治。

9.4 推进市场机制的实施效果跟踪与评估

持续开展环境保护市场机制实施效果的跟踪和评估。政策评估是政策过程的一个重要环节，是依据一定的标准和程序，对政策的效益、效率及价值进行判断的一种行为，目的在于取得有关这些方面的信息，作为决定政策变化、政策改进和制定新政策的依据。"十一五"以来，我国开展了很多环境市场机制政策，资源税改革、排污费改革、环境税、水价改革、生态补偿、排污权交易、绿色信贷政策、环境污染责任保险等。但是这些工作缺少系统的跟踪和评估，环境市场机制领域也缺少统一完善的评估方法、评估模型。因此建议研究出台环境保护市场政策的社会经济环境影响评估指南，对环境市场政策进行社会、经济和环境影响评估，为环境政策设计与完善提供借鉴。

9.5 加强组织协调，强化部门联动

环境保护市场机制政策的研究和制定工作涉及环保、经济、发改等多个领域。推动环境保护市场机制政策的实施不仅涉及生态环境部、国家林草局、自然资源部等生态行政主管部门，也与国家发改委、财政部、税务总局、商务部、中国人民银行等各经济部门有直接联系，一项科学合理的环境保护市场机制政策的制定和实施需要各部门之间加强协调配合，强化部门间联动和合作机制，强化政策制定过程中各参与部门配合。

参考文献

[1] 王志. 环境政策中的命令-控制型政策工具及其优化选择[J]. 企业导报，2012（10）：26.

[2] 朱坦，刘倩. 推进中国环境税改革——国际环境税实践经验的借鉴与启示[J]. 环境保护，2007（17）：60-62.

[3] 王彬辉. 论环境法的逻辑嬗变[D]. 武汉：武汉大学，2005.

[4] 王红梅. 中国环境规制政策工具的比较与选择[J]. 中国人口·资源与环境，2016（9）.

[5] 王慧. 环境保护中的市场机制[J]. 资源与人居环境，2009（21）：60-62.

[6] 李芳慧. 我国环境政策工具选择研究[D]. 长沙：湖南大学，2011.

[7] [美]保罗·R. 伯特尼、罗伯特·N. 迪蒂文斯. 环境保护的公共政策[M]. 穆贤清，等，译. 上海：上海三联书店，2003.

[8] 何欢浪，岳咬兴. 策略性环境政策：环境税和减排补贴的比较分析[J]. 财经研究，2009，35（2）：136-143.

[9] 魏巍贤. 基于CGE模型的中国能源环境政策分析[J]. 统计研究，2009，26（7）：3-12.

[10] 毕井泉. 发挥价格杠杆作用促进节能减排目标的实现[J]. 价格理论与实践，2007（6）.

[11] 王鸣华. 发达国家碳排放交易机制构建及启示[J]. 经济纵横，2015（6）：118-120.

[12] 马中. 环境经济与政策：理论及应用[M]. 北京：中国环境科学出版社，2012.

[13] 宫长星. 环保企业商业模式实用研究[J]. 中国市场，2017（10）：21-23，25.

[14] 袁栋栋. 我国环保产业现状及环保企业商业模式[J]. 中国环保产业，2014（10）：16-20.

[15] 吴晓青，等. 环境政策工具组合的原理、方法和技术[J]. 重庆环境科学，2003.（12）：81.

[16] 秦颖、徐光. 环境政策工具的变迁及其发展趋势探讨[J]. 改革与战略. 2007（12）：53

[17] 宋国君. 环境政策分析[M]. 北京：化学工业出版社，2008.

[18] 丁文广. 环境政策与分析[M]. 北京：北京大学出版社，2008.

[19] 阎敬. 从水价、成本、税费谈再生水行业的鼓励与扶持[J]. 纳税，2018（3）.

[20] 杨朝飞. 探索与创新：杨朝飞环境文集[M]. 北京：中国环境出版社，2013.

[21] 李晓亮，葛察忠. 环保新常态下环境保护综合名录工作的定位与重点探究[J]. 中国环境管

理，2017，9（5）：25-30.

[22] 李赢楠. 中国推进 PPP 模式的制度障碍及对策研究[D]. 吉林：吉林大学，2016.

[23] 成嘉舟. PPP 融资模式在我国环保工程中的应用研究——以宜兴环科园环科新城生态项目为例[J]. 中国市场，2015（13）.

[24] 张进锋，李晓慧，史东晓. 常州市餐厨垃圾处理 PPP 项目的实践[J]. 中国财政，2014（9）：34-35.

[25] 王登建，赵兴嘉，赵菁，等. 贵州省仁怀名酒工业园区环境污染第三方治理探析[J]. 环保科技，2016，22（4）：43-47.

[26] Downing P B. White L J. Innovation in pollution control[J]. Journal of Environmental Economics and Management，1986，13（3）：18-29.

[27] Milliman S R. Prince R. Firm incentives to promote technological change in pollution control[J]. Journal of Environmental Economics and Management，1989，17（3）：247-265.

[28] Nordberg-Bohm V. Stimulating green technological innovation：an analysis of alternative policy Mechanism[J]. Policy sciences，1999，32（1），13-38.

附表 绿色金融各产品发展历程

类别	发布时间	发布部门	政策名称	主要内涵
绿色金融	2016.8	中国人民银行、财政部、国家发改委、环保部、银监会、证监会、保监会七部委	关于构建绿色金融体系的指导意见	提出了35条推动我国绿色金融发展的具体措施
绿色信贷	2012.2	中国银监会	绿色信贷指引	推动银行业金融机构以绿色信贷为抓手，积极调整信贷结构
	2013	中国银监会	绿色信贷统计制度	明确了绿色信贷支持的12类节能环保项目
	2014.6	中国银监会	绿色信贷实施情况关键评价指标	探索将绿色信贷实施成效纳入机构监管评级，完善绿色信贷监督考评体系
	2015	国家发改委、中国银监会	关于印发能效信贷指引的通知	鼓励银行业金融机构为支持用能单位提高能源利用效率、降低能源消耗而提供信贷融资
	2016.3	中国农业发展银行	中国农业发展银行光伏扶贫贷款管理办法（试行）	推动光伏行业绿色信贷
绿色债券	2015.12	中国人民银行	绿色金融债券公告；绿色债券支持项目目录	为金融机构发行绿色债券提供了制度指引
	2016.1	国家发改委	绿色债券发行指引	界定了绿色企业债券的项目范围和支持重点，公布了审核条件及相关政策
	2016.3	上海证券交易所	关于开展绿色公司债券试点的通知	绿色公司债进入交易所，债市通道正式开启
	2016.4	深圳证券交易所	关于开展绿色公司债券业务试点的通知	
绿色保险	2007.12	国家环保总局和保监会	关于环境污染责任保险工作指导意见	在12个省份推动环境责任保险试点
	2013.1	环保部和保监会	关于开展环境污染强制责任保险试点工作的指导意见	为了以强制性责任保险带动任意险，开始尝试在涉重行业等发展强制性环境责任保险
	2017.6	环境保护部	环境污染责任强制保险管理办法（征求意见稿）	在环境高风险领域建立环境污染强制责任保险制度

类别	发布时间	发布部门	政策名称	主要内涵
绿色保险	2007.4	中国保险监督管理委员会	关于做好保险业应对全球变暖引发极端天气气候事件有关事项的通知	保险业充分发挥保险经济补偿、资金融通和社会管理功能，建立巨灾风险防范机制，提高巨灾风险管理水平
	2013.12	财政部	农业保险大灾风险准备金管理办法	完善农业保险大灾风险分散机制，规范大灾风险准备金管理。用于各级财政给予保费补贴的种植业、养殖业、林业等农业保险业务
	2014.8	国务院	关于加快发展现代保险服务业的若干意见	大力发展"三农"保险，开展农产品目标价格保险试点
	2016.5	中国保监会、财政部	关于印发《建立城乡居民住宅地震巨灾保险制度实施方案》的通知	选择地震灾害为主要灾因，以住宅这一城乡居民最重要的财产为保障对象，拟先行建立城乡居民住宅地震巨灾保险制度
碳金融	2011.10	国家发改委	关于开展碳排放权交易试点工作的通知	批准京、津、沪、渝、粤、鄂、深七省市2013年开展碳排放权交易试点
	2012.6	国家发改委	温室气体自愿减排交易管理暂行办法	对CCER项目开发、交易与管理进行了系统规范
	2012.10	国家发改委	温室气体自愿减排项目审定与核证指南	对CCER项目审定与核证机构的备案要求、工作程序和报告格式进行了规定
	2014.12	国家发改委	碳排放权交易管理暂行办法	对全国统一碳排放权交易市场发展方向、思路、组织架构及相关基础要素设计提出规范性要求
	2016.1	国家发改委	关于切实做好全国碳排放权交易市场启动重点工作的通知	明确了参与全国碳市场的8个行业，要求对拟纳入企业的历史碳排放进行MRV，同时提出企业碳排放补充数据核算报告等
绿色基金	2016.1	财政部和国家发改委	关于提高可再生能源发展基金征收标准等有关问题的通知	支持可再生能源发展，切实加强可再生能源发展基金（以下简称基金）征收管理
	2016.1	内蒙古自治区人民政府	内蒙古自治区人民政府办公厅关于印发环保基金设立方案的通知	设立内蒙古环保基金